世界航天装备发展历史
一系列丛书一
陈小前　主编

史密森尼国家航空航天博物馆

"发现"号
DISCOVERY
太空飞行舰队的佼佼者
CHAMPION OF THE SPACE SHUTTLE FLEET

【美】瓦莱丽·尼尔（Valerie Neal）　著

策展人　史密森尼国家航空航天博物馆

张　翔　李　璜　译

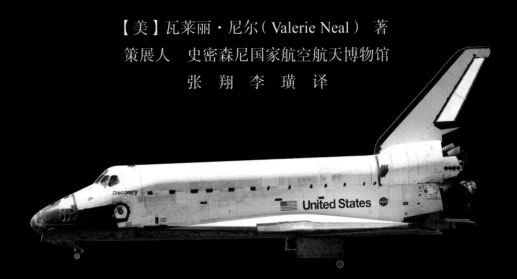

国防工业出版社
National Defense Industry Press

·北 京·

内容提要

本书讲述了航天飞机家族中的佼佼者——"发现"号航天飞机的飞行历史。本书以时间为序，通过精美的航天图片和优雅的文字图文并茂地阐述了"发现"号航天飞机飞行任务日志。"发现"号航天飞机虽然不是第一架航天飞机，但却是执行飞行任务最多的航天飞机，在先后经历"挑战者"号和"哥伦比亚"号航天飞机失事事故后仍然出色地执行了各项飞行任务。回顾"发现"号航天飞机的历史，可以帮助读者了解航天飞机的发展趋势和演变过程。

著作权合同登记　图字：军-2020-014

图书在版编目（CIP）数据

"发现"号：太空飞行舰队的佼佼者 /（美）瓦莱丽·尼尔（Valerie Neal）著；张翔，李璜译. —北京：
国防工业出版社，2023.1
　　书名原文：Discovery : Champion of the Space Shuttle Fleet
　　ISBN 978-7-118-12653-2

Ⅰ.①发…　Ⅱ.①瓦…　②张…　③李…　Ⅲ.①航天飞机—
技术史—美国　Ⅳ.①V475.2-097.12

中国版本图书馆CIP数据核字（2022）第210587号

Discovery: Champion of the Space Shuttle Fleet by Valerie Neal
© 2014 Quarto Publishing Group USA Inc.
Text © 2014 Smithsonian National Air and Space Museum
ISBN 978-0-7603-4383-8
All rights reserved.

"发现"号——太空飞行舰队的佼佼者
责任编辑　尤　力

出版　国防工业出版社（北京市海淀区紫竹院南路 23 号　邮政编码 100048）
印刷　北京利丰雅高长城印刷有限公司
经销　新华书店
开本　889mm×1194mm　1/16
印张　9
字数　241 千字
版次　2023 年 1 月第 1 版第 1 次印刷
印数　1—3000 册
定价　156.00 元

（本书如有印装错误，我社负责调换）
国防书店：（010）88540777　书店传真：（010）88540776
发行业务：（010）88540717　发行传真：（010）88540762

《世界航天装备发展历史系列丛书》编委会

— 主 任 —

陈小前

— 副主任 —

耿国桐　朱　斌

— 编 委 —

吴建刚　庹洲慧　姜志杰　张　翔

李　璜　丁哲锋　吴　海

展人。在丹尼斯集中精力撰写他的巨著时，他还亲切热情地阅读了我的手稿，并认真地指导我修改任何需要更正的事项，并帮助我从来源不同的数据中整理出可信的内容。人们可能会认为，航天飞机飞行任务的轨道数据或最高高度是一个个绝对的数字，但其实不然；相关报道时常变化，所以相关数字变得迷雾重重，是他帮助我整合了各种差异。他还让我查阅、参考了他收藏的相关文件和图像。幸运的是，我们两个坚持细节并不厌其烦的努力，让

了解和无可挑剔的服务而获得所有人称赞。她是一个人的快速响应团队，在请求发送后，立即为我提供在线无法获取的高分辨率图像。和我认识的其他航天飞机工作人员一样，她总是毫不犹豫地全力以赴。美国国家航空航天局肯尼迪航天中心媒体档案室的玛格丽特·阿（玛吉）也鼎力协助我寻找想要的图片。

史密森尼国家航空航天博物馆档案馆的工作人员，无论是档案员还是摄影师，都为我提供了

非常宝贵的资源。在撰写最后一章——"发现"号的终极任务时，我也向他们寻求了帮助。从收藏的数百万张图片中，他们可以为我找到完美的图像或专门重新拍摄新的图像。档案保管员阿曼达·布埃尔、艾伦·贾努斯、梅丽莎·凯瑟和杰萨明·劳埃德以及摄影师丹·彭兰都为这本书做出了特别的贡献。博物馆所有工作人员几乎都参与了"发现"号的转移、展示、策划和实施工作；没有他们的团队协作和热情参与，这一切都不可能完成。

帕特里夏·格拉博斯克是博物馆的出版官员，她向我提供了这个项目，并建立了我们与出版商的关系。她、史密森尼合同办公室的拉亚娜·布莱恩特和太空史部的乔·安·摩根为我熟练地处理了所有的行政事务。太空历史专业实习生林恩·阿特金为任务摘要编制了任务和机组人员数据。分派到这个项目上的天顶出版社编辑和设计团队，充分发挥了许多才能，使"发现"号的故事变成一部如此精彩的作品。天顶出版社的编辑主任埃里克·吉尔格从一开始就对这本书表示出了强烈的兴趣，并热情地宣传这本书。

很高兴和他们一起出版"发现"号的故事。

最后，我还想衷心感谢一些人，虽然他们离开了这个项目，但同样值得感谢。首先是1980年当时决定聘用我的两位人士。在我去到史密森尼国家航空航天博物馆之前，我有幸跟随二位从事航天飞机和太空实验室任务长达十年之久。他们是埃塞克斯公司的埃德温·普鲁特和美国国家航空航天局马歇尔航天飞行中心的科学家查尔斯·查佩尔，是他们预见了一位未来的历史学博士的潜力，并鼓励我写关于太空飞行、空间科学和空间技术的书籍。这成为了我一生的工作，一场我从未曾预料过的探险。另外，在美国国家航空航天局和博物馆项目的工作使我接触到许多科学家、工程师、管理人员和宇航员，多年来他们一直慷慨地分享他们的知识。还有数不清的叫不出名字的人，但我相信他们一定知道，一起曾经的交谈带给我很大的启发。如果人们认为我客观公正地对待了"发现"号，那是因为这些知识渊博的朋友和同事深深地影响了我。作为作家和策展人，我在航天飞机时代得到了成长。

目　录

第一章

"发现"号
和航天飞机时代

1

"发现"号之所以是航天飞机中的佼佼者，不仅仅是因为它比"哥伦比亚"号、"挑战者"号、"亚特兰蒂斯"号和"奋进"号完成了更多的飞行任务（一共完成了39项重大飞行任务），还因为它服役了长达27年的时间，它在太空中度过了365天。"发现"号的飞行历史始于1984年，那时候航天飞机机队刚刚开始承担飞行任务，那时也是机队最为繁忙的两年。"发现"号的飞行历史结束于2011年，跟随航天飞机项目终结而结束。难得的是，"发现"号执行过各种类型的飞行任务，实现了航天飞机的设计初衷。"发现"号在其任务的多样性和它所达到的"第1"领域内没有竞争对手。

"发现"号的故事是整个航天飞机故事的缩影。它的39个篇章贯穿了美国40年起起伏伏的太空探索，这些探索中获得的宝贵经验使人类在地球轨道上的飞行变得平常、实用、经济和安全。在接连两次航天飞机事故后，"发现"号作为重返飞行的使者，成功将故事从悲剧扭转为胜利。它的飞行历史使"发现"号成为整个航天飞机时代强大的标志。

航天飞机出现于20世纪70年代，继太空竞赛和登月之后，航天飞机在美国继续用于太空飞行。由于当时美国对昂贵的大冒险缺乏兴趣——例如建造空间站或探索火星等——当时美国国内存在社会问题，美国选择了新的太空运输系统：组建航天飞机机队，执行地球轨道飞行任务。机队经常执行各种类型的飞行任务，一方面探索如何降低太空飞行的成本，一方面开拓未来太空飞行的多重使命。如果被证明是成功的，那么航天飞机将会为通往空间站或深空探索铺平道路。

◄

1984年8月30日，"发现"号发射执行第一次任务，搭乘了6名宇航员，他们负责部署3颗通信卫星并进行科学试验（资料来源：美国国家航空航天局）

可重复使用的轨道器是太空探索中最关键的因素，通常被称为驮马、太空货车或太空飞机。一方面它必须空间足够大，大到足以携带人和有效载荷一起飞行；同时还需功能强大，满足我们对太空异域的所有想象。工作人员先将航天飞机连接到两台固体火箭助推器上，然后将液氢和液氧推进剂从巨大的外部油箱泵入飞机的 3 个内置发射发动机后，飞机在 8 分半钟内从地球表面迅速飞到预定轨道。航天飞机在起飞过程中会脱落助推器和外部油箱，之后在海拔高度为 115 ～ 400 英里（185 ～ 644 千米）的高空飞行，航程为 2 ～ 18 天。返回时，该轨道器覆盖着由隔热瓦和隔热毯制成的新型热防护系统，从太空降落到地球表面的跑道上。经过几周的检修和维护后，轨道器即会准备好进行下一次飞行任务。

▶

航天飞机系统包括轨道器、外部推进剂罐和两个可重复使用的固体火箭助推器。图为 2005 年"发现"号继"哥伦比亚"号事故后首次发射升空执行 STS-114 号返回太空任务（资料来源：美国国家航空航天局）

▶

"发现"号创造了多项纪录，包括飞行任务数量、在轨总时间、航程以及机组人员总数（资料来源：美国国家航空航天局）

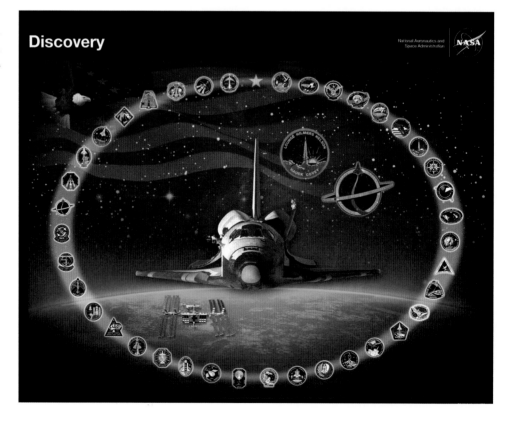

▲
"发现"号于 2011 年 3 月 9 日完成了最后的着陆，结束了编号为 STS-133 的飞往国际空间站的任务。可重复使用的航天飞机轨道器可作为运载火箭、载人飞船、货物运载器和滑翔机运行（资料来源：美国国家航空航天局）

这些可重复使用的航天飞机使人类开始能够定期在太空生活和工作，并利用近地空间进行实用性探索。在最初令人兴奋的日子里，设计人员曾设想航天飞行服务能与航空公司服务一样平常，计划每周一次从佛罗里达州和加利福尼亚州的站点发射一组 5 个或更多轨道器。但由于各种原因，这一设想后来被证明过于乐观。

太空运输系统旨在满足国家对商业、科学研究和国家安全对于进入太空的所有发射需求。该计划要求航天飞机成为所有类型的有效载荷的唯一运载工具。相比驾驶员，航天飞机机组拥有更多的工程师和科学家。他们负责收回偏离轨道的卫星，为出现故障的设备提供在轨维修，在实验室开展科学研究，以及提供大型空间结构组装技术。由于多种原因，商业大客户群没有建立起来，但在第一个十年规划里，航天飞机按计划满足了政府、工业和科学界的需求。

在航天飞机开始有效服务之前，怀疑派质疑过航天飞机的经济效益，之后即对太空飞行继续采用航天飞机发起了挑战，这种怀疑论调贯穿了整个航天飞机的历史。从1981 年成功首发到 1986 年发生发射悲剧之前，期间航天飞机的飞行频率和太空停留时间都有所增加。1985 年进行

了 9 次发射，1986 年则更加繁忙，3 个轨道器共执行了 15 次发射任务，平均每月发射 1 次以上。太空飞行开始步入常规化。然而，1986 年 1 月的"挑战者"号事故导致航天飞机停飞 3 年。直到 20 世纪 90 年代才逐渐增加到每年 7 ～ 8 次任务。之后 17 年，飞行几乎没有停顿，直到"哥伦比亚"号事故再次使航天飞机暂时停飞。

在航天飞机项目渐入佳境之际，"发现"号迎来了它的首次亮相。它的第一个任务是 1984 年 8 月至 9 月的 STS-41D 任务，也是整个项目的第 12 个任务。在这次任务中，"发现"号执行了卫星部署和国家安全任务。在第一次事故发生之前的不到两年里，"发现"号执行 6 次飞行任务，其中包括 3 次连续飞行任务，该成绩迅速逼近"挑战者"号 3 年内飞 9 次的纪录。这位未来的翘楚证明了自己的能力。

本书是一个任务日志，将"发现"号执行过的任务以时间顺序呈现，以便于参考。但在阅读这一系列任务之前，如果能按主题阅读"发现"号的历史，这样更有助于我们理解航天飞机计划的趋势和演变过程。虽然每个航天飞机任务同时都有好几个目标，但任务通常根据其主要目标或有效载荷被分为不同的类型：商业类、国家安全类、

▲

20世纪80年代，"发现"号执行的大多数任务都用于部署通信卫星。在1985年编号为STS-51I任务的这个视图中，可以看到一个带有助推器的澳大利亚卫星从有效载荷舱升起。助推器用于将卫星发送到地球同步轨道（资料来源：美国国家航空航天局）

服务类、科学研究类、"和平"号访问任务以及国际空间站组装任务，此外还有后勤类任务。"发现"号每种任务都执行了多次。

"发现"号最初的任务是将商业卫星送到近地轨道，然后卫星被自身携带的推进器推到更远的地球同步轨道。"发现"号的前6个任务中有5个是为通信卫星行业的客户提供服务；它最初的两个任务是部署美国国家航空航天局跟踪和数据中继系统（TDRS）卫星。在一些商业任务中还为美国海军部署了一颗卫星。在卫星部署过程中，航天飞机就像是货运卡车：在有效载荷舱中装上2颗或3颗

卫星，当航天飞机飞到适当的高度并对准时，就释放一颗。"发现"号的第一个任务是航天飞机历史上首次携带3颗卫星飞行。"发现"号一共为美国、加拿大、墨西哥、阿拉伯国家联盟和澳大利亚发射了16颗通信卫星。它们代表了渴望加入全球电信网络的非航天国家的市场，并且这个市场越来越大。

商业部门的努力对于让人类太空飞行变得更加经济和常规化至关重要，例如，美国国家航空航天局的商业计划就依赖那些需要发射卫星和从事太空研究项目的客户群。国家航空航天局用具有吸引力的定价和特殊的激励措施培

▲
"发现"号的宇航员完成了 5 项维修任务中的两项，这些任务延长了"哈勃"太空望远镜的寿命，超出了计划的 10 年寿命。图中 1999 年维修任务的视角中，可以看到宇航员史蒂文·史密斯和约翰·格伦斯菲尔德在长机器人手臂的末端工作，打开了一个舱段以更换指向和姿态控制系统中的陀螺仪（资料来源：美国国家航空航天局）

养了众多的商业客户，措施包括将公司的有效载荷专家纳入航天飞机机组。第一位商业乘员专家是麦克唐纳·道格拉斯公司的查尔斯·沃克，他曾两次乘坐"发现"号，一次乘坐"亚特兰蒂斯"号，他在一个潜在利润丰厚的制造过程中开展实验。沙特阿拉伯和法国曾将本国专家搭载在"发现"号上，目睹其卫星的部署；墨西哥专家也曾在"亚特兰蒂斯"号上目睹过同样的过程。之后美国 3 名国会议员利用身份优势，成功说服美国国家航空航天局将他们接纳为机组成员——包括参议员杰克·加恩于 1985 年乘坐了"发现"号；1986 年初，众议员威廉·比尔·纳尔

逊乘坐了"哥伦比亚"号；1998 年参议员约翰·格伦乘坐了"发现"号。

商业有效载荷有时会促成另一种任务类型：维修。因为有时卫星未能到达其预定轨道，"发现"号机组成员曾两次部署卫星并回收需要维修的卫星。"发现"号在执行第二次任务时，他们成功部署了两颗卫星，并成功收回另外两颗需维修的卫星，机组成员用一个"2 上—2 下"的标志庆祝他们完成了首次在轨卫星回收。还有一次，"发现"号工作人员将一颗闲置的卫星装入有效载荷舱，并为其安装了一个新的上升马达，然后重新将它部署进入预定

"发现"号的科学试验任务通常包括回收安装在有效载荷舱的科研卫星和仪器设备。图中为1993年的STS-56号任务中使用的编号为ATLAS 2的大气和太阳物理探测器（资料来源：美国国家航空航天局）

轨道。这些维修事件展示了机组人员的高超技能并让他们积累了宝贵的经验，这些经验对后来维修"哈勃"太空望远镜和组装空间站具有重大的意义。

"挑战者"号事故导致太空飞行政策发生了变化，航天飞机不再用于搭载和部署商用卫星，这一变化严重影响了航天飞机的商业市场。商业实验降级为次要的有效载荷，随之"发现"号的任务很快从卫星部署转到其他类型的任务。

美国国防部预定了"发现"号的第3次飞行，这是第一次专门的、机密的国家安全航天飞行任务。除了参加的第一批军事机组人员名单不是美国国家航空航天局宇航员，而是来自美国空军的有效载荷专家外，关于那次任务

几乎无人知晓。那次任务中携带的主要有效载荷被推测是一颗电子情报卫星。虽然一开始航天飞机的设计和研究考虑到了国家安全需求，但美国空军为了保持自身进入空间领域的机会和能力，已渐渐不愿意依赖航天飞机，也不希望美国国家航空航天局成为唯一的卫星部署供货方。其实在发生"挑战者"号事故和随后的舰队停飞事件之前，美国国防部就开始远离航天飞机。航天飞机飞行恢复后，国防部完成了之前积压的计划中的国家安全任务，之后除了偶尔小型的非机密有效载荷之外，国防部几乎放弃了航天飞机。

从1984年到1992年，"发现"号执行了国防部10项任务里的4个。前两项任务是高度机密的，但据称是国

家侦察局的几颗间谍卫星。后两项任务与战略防御计划（"星球大战"）公开挂钩，其中一个是非保密的，另一个则是部分保密。漫画家通过将航天飞机描绘成伪装的或看不见的军事任务来进行嘲笑，质疑太空军事化以及公开地在公共太空项目里划定秘密太空地点的行为。因此当空军重新回到他们更喜欢的火箭领域，而同时航天飞机几乎完全用于民用任务时，这些问题就消失了。

在1990年、1997年以及1999年，"发现"号及其机组人员创造了历史，首次部署了公众期待万分的"哈勃"太空望远镜，然后再两次返回对望远镜进行维护、维修和重新部署。第一次返回是执行紧急矫正光学系统任务，一开始安排的并不是"发现"号，"发现"号计划执行的是5次维护任务中的第2次和第3次。太空行走团队用新技术更新了望远镜，并通过修理和更换磨损的部件延长了望远镜寿命。"发现"号机组人员凭借高超的技术和熟练

的技巧，高效执行了复杂任务，展示了人类在太空中的价值。通过多年持续地对太空望远镜进行维护，在轨服务使天文界受益，并为未来的大型装配项目（如国际空间站的建立）积累了经验。

在"哈勃"太空望远镜任务中，这艘航天飞机的名字起得似乎特别贴切。与船长詹姆斯·库克的探险船和探险家亨利·哈德森的探险船同名，"发现"号通过进一步地对宇宙进行观察，延续了发现和探索的传统。

"发现"号在20世纪90年代的主要工作是为科学研究提供支持。10年间，这个轨道器在10次飞行任务中携带过卫星、天文台或实验设备进行科学研究。它还发射了环绕太阳飞行的探险飞行器"尤利西斯"号。美国国家航空航天局的科学任务包括：利用微重力作为实验室环境；更好地了解人类和其他生物长期停留在太空期间的变化；从大气层上方对地球和宇宙进行清晰的观察；在太空中

"发现"号航天飞机执行了俄罗斯"和平"号空间站9次任务中的第1次和最后一次。图中是1998年最后一次离开"和平"号空间站的场景（资料来源：美国国家航空航天局）
▼

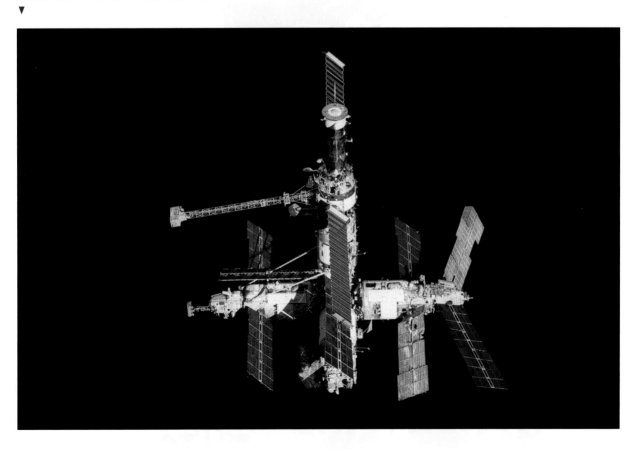

▲
2011年2月，"发现"号在编号为STS-133的最后一次太空任务中，正在接近国际空间站，这也是它第13次前往这个轨道前哨站（指国际空间站）（资料来源：美国国家航空航天局）

进行基础科学研究和应用科学研究，为地球上的人们谋求福利。

　　"发现"号的科学任务覆盖了一系列学科，主要有地球和大气观测，还有材料加工、生物学和生物医学。它多次在有效载荷舱内携带空间实验室或太空居住舱实验室模块，科学家们在那里昼夜轮班工作。有时它携带一个装满自动装置的平台，有时则是释放、回收一颗小型的自

由飞行的卫星进行特定的实验。在20世纪90年代的科研任务中，"发现"号执行了两次"对地球的使命"的飞行任务。

　　1995年"发现"号与俄罗斯"和平"号空间站展开首次合作，在这个合作计划中前后一共执行9次航天飞机任务，为以后国际空间站的合作打下了基础。1988年，"发现"号首次近距离接近"和平"号并绕其飞行，完成了与

2005年，STS-114任务的指挥官艾琳·柯林斯首次操控"发现"号航天飞机完成俯仰或后空翻的机动，实现与国际空间站交会。国际空间站的摄像机和机组人员正在监视飞行器以确定是否有损坏迹象（资料来源：美国国家航空航天局）

"和平"号最终的成功送回对接任务，并将最后一位生活在空间站的美国宇航员接回，在这之前有共7名宇航员交替生活在空间站里。对于"航天飞机—'和平'"号对接任务，俄罗斯和美国的航天机构共同承担了训练、机组人员配备、轨道操作和任务控制的职责，为他们在新世纪作为主要的空间站伙伴关系搭建了平台。这一系列任务中包括了许多的第一次，其中很多是在"发现"号上完成的。

从1999年起，"发现"号15次飞行任务中的14次都去了国际空间站，其中包括"发现"号与新的国际空间站进行首次对接；为第一批常驻宇航员做相关准备；在最后一次任务中还访问了装满各种物资的空间站。在空间站组装过程中，"发现"号的主要贡献是交付了长架段、"和谐"号节点舱、日本的"希望"号实验舱和"莱昂纳多"多用途后勤舱。大多数的任务中还包含了轮换空间站宇航员。"发现"号比其他航天飞机多了一项任务：在这一时段，维护"哈勃"太空望远镜。

在航天飞机计划遭受长时间停滞之后重新启动时，"发现"号曾两次首当其冲站在发射台上，将美国宇航员送入轨道。1986年"挑战者"号的第10次发射和2003年"哥伦比亚"号的第25次发射失事后，正是"发现"号让航天飞机重回飞行任务。事实上，它承担了3次。此类任务前两次"哥伦比亚"号后的飞行任务测试了探测和修复轨道损坏的新程序，从而降低了再次发生致命事故的风险。3组"发现"号机组成员和这架航天飞机零差错完美地执行了这些任务，在经历了之前的严重损失后，这3次任务让大家恢复了对航天飞机的信心。

27年服役期间，"发现"号在运营和人员上开创了诸多的第一。它是第一个在1次任务中携带和部署3颗卫星的轨道器；第一个在太空中救援和回收卫星的飞行器；唯一一个1年中飞行4次的飞行器；也是第一次和最后一次访问俄罗斯"和平"号空间站的飞行器；第一个与国际空间站对接的飞行器；执行第100次航天飞机任务的飞行

"发现"号航天飞机STS-120任务的机组人员（红色上衣）和国际空间站第16批工作人员（蓝色上衣）暂停工作，以显示新安装的"和谐"号节点舱内的失重状态。这张机组人员的照片，与航天飞机时代的大多数照片一样，反映了航天飞行中新的人口统计数据。镜头还首次捕捉到了两名女性同时执行太空任务：佩吉·惠特森（下排）和帕梅拉·梅尔罗伊（中间一排的中间）（资料来源：美国国家航空航天局）

器；唯一一个飞行3次"哈勃"太空望远镜任务的飞行器；第一个执行交会俯仰操纵（后空翻）进行隔热板检查的飞行器；第一个携带机械臂的扩展动臂和传感器，由机组成员检查轨道器的整个外表面有无损坏的飞行器。

"发现"号39次飞行任务反映了航天飞机时代宇航员队伍的多样性。指挥官有32名（其中有6人指挥过不止1次），包括第一位非裔美国指挥官（后来成为NASA局长的非裔美国指挥官），第一位女驾驶员，以及2位女指挥官。乘坐"发现"号飞行的184名宇航员、有效载荷专家分别来自加拿大、法国、德国、意大利、日本、俄罗斯、沙特阿拉伯、西班牙、瑞典、瑞士和美国，包括28名女性以及普通公民。他们中间包括第一位进入太空的亚

裔美国人，第一位西班牙女性，第一位阿拉伯女性，首次进入太空的2名加拿大女宇航员，第一位非裔美国太空行走者，第一位来自西班牙和第一位来自瑞典的宇航员，第一位商业和第一位军用有效载荷专家，首次执行航天飞机任务的2名俄罗斯宇航员，唯一一位在轨道器下方进行太空行走的宇航员，第一位美国参议员，以及唯一一位搭乘过"水星"飞船的宇航员，这些全都是乘坐过"发现"号的宇航员。

2004年，美国总统乔治·布什宣布，航天飞机计划将在国际空间站建成后终结，随即美国国家航空航天局开始了轨道器退役的计划。每架飞行器在2011年进行了最后一次飞行，以对空间站进行最后的收尾工

作，并带去大量的库存物资，以满足在可预见的将来机组人员的需求，避免之后再动用大型货运轨道器进行补给飞行。在最后一次太空之旅中，"发现"号向空间站运送了补给物资、1个储存舱和宇航员助手"罗博纳特"2号机器人。

"发现"号的最后一次退役飞行标志着航天飞机时代的结束。它开始于佛罗里达州，于2012年4月17日在美国首都结束。美国国家航空航天局将"发现"号转让给了史密森尼国家航空航天博物馆。当这个轨道器被处理完毕准备向公众展示时，工作人员将其装在波音747航天飞机

运输机上，前往其永久的家。当它在大都市华盛顿特区上空壮观地飞行时，人们从家、学校和办公楼中涌出，见证了这一景象，稍后其降落在弗吉尼亚州郊区的杜勒斯国际机场。

两天后，"发现"号抵达博物馆的史蒂文·乌德瓦尔－哈齐中心，接受移交仪式。现在，这个轨道器中的佼佼者停在了博物馆航天机库的中心位置。"发现"号与其他具有历史意义的火箭和航天飞行器一起，记载了美国在太空领域取得的辉煌成就，以及他们为使载人航天飞行常规化而付出的所有努力。

"发现"号于2012年4月17日飞抵华盛顿特区和周边地区，向国家首都致敬，在那里进行的政治辩论和决策决定了航天飞行的进程（资料来源：美国国家航空航天局）

▼

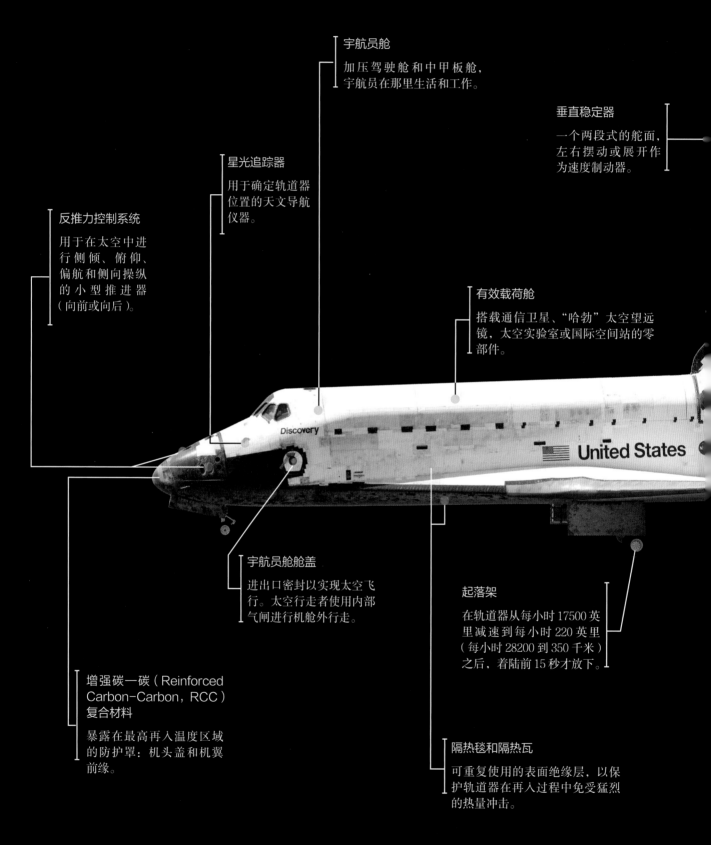

宇航员舱

加压驾驶舱和中甲板舱，宇航员在那里生活和工作。

垂直稳定器

一个两段式的舵面，左右摆动或展开作为速度制动器。

星光追踪器

用于确定轨道器位置的天文导航仪器。

反推力控制系统

用于在太空中进行侧倾、俯仰、偏航和侧向操纵的小型推进器（向前或向后）。

有效载荷舱

搭载通信卫星、"哈勃"太空望远镜，太空实验室或国际空间站的零部件。

宇航员舱舱盖

进出口密封以实现太空飞行。太空行走者使用内部气闸进行机舱外行走。

起落架

在轨道器从每小时 17500 英里减速到每小时 220 英里（每小时 28200 到 350 千米）之后，着陆前 15 秒才放下。

增强碳—碳（Reinforced Carbon-Carbon，RCC）复合材料

暴露在最高再入温度区域的防护罩：机头盖和机翼前缘。

隔热毯和隔热瓦

可重复使用的表面绝缘层，以保护轨道器在再入过程中免受猛烈的热量冲击。

"发现"号
的基本情况

主发动机

可重复使用的火箭发动机仅在发射时工作，只需 8 分钟即可将巨大的外部推进剂油箱推入轨道。

轨道机动系统吊舱

两个中型尺寸的轨道机动系统发动机，用于航天飞机的最终入轨、太空中改变高度或速度，以及开始下降返航。

升降副翼

三角形三角翼上的后缘襟翼，用于从下降到着陆时在大气层中进行飞行控制。

尽管人们对太空飞行器有过很多想象，但在 1981 年之前，还没有太空飞船之类的东西在太空飞行过。轨道器有机翼也有轮子，看上去像飞机，发射时像火箭，从太空返回时则像滑翔机。宽阔的三角形机翼增强了无动力下降回到地面的可操作性，高高的垂直稳定器用作方向舵和速度制动器。3 个大型发动机和连接的管道填充在垂直稳定器下方的后机身上，底部 2 个球形吊舱装有小型的发动机和推进器，就如同飞机的机头一样，用于在太空中操纵。轨道器的尺寸与波音 737 或道格拉斯 DC-9 客机相当，是有史以来技术最复杂的航天飞行器。

就像在高速公路上行驶的货运卡车一样，轨道器在长货舱前面有一个宇航员舱，货舱则为构成机身中部的有效载荷舱：卫星、实验室、观测站、大型实验以及国际空间站的结构梁和模块都搭乘在这里。有效载荷舱的地板和墙壁上以及保护毯下面，布满了为飞行器电气和流体系统铺设的数英里的线路。长而弯曲的有效载荷舱门在轨道上保持敞开，露出附着的散热器面板。

1 个连接着的机械臂是远程操纵器系统机械臂（加拿大制造），它安装在有效载荷舱的左舷上，用作起重机，用于转移有效载荷和作为太空行走宇航员的移动工作平台。在 2003 年之后的任务中，沿着右舷安装了 1 个配备有 1 组摄像机和传感器的直臂扩展装置，用于检查轨道上的航天飞行器。安装在有效载荷舱中的设备还包括通信天线、摄像机、泛光灯以及太空行走和空间站访问所需的气闸对接适配器。

▲
STS-95 任务指挥官柯蒂斯·布朗站在后部飞行舱板工作区，以操纵太空中的轨道器

　　乘员舱有 2 层：上层驾驶舱和中层甲板生活区，它们之间有通道，甲板下方还有一个储存区。宇航员舱最多可容纳 7 人（有 2 次多达 8 人），舒适度尚可，比以前的宇宙飞船宽敞得多。机组人员在前后飞行甲板完成大部分的操作，他们在两边都可以操纵太空中的飞行器。有时机组人员在后面工作站远程操作机械臂，负责操作相机的宇航员则在上层 10 个窗户上寻找拍摄位置。

　　驾驶舱是发射、降落和在轨飞行的中心，中间甲板则用于日常生活，包括睡觉、个人卫生、运动等日常活动，同时也是进行某些实验和需要打扫场所。中间甲板包含一个用于处理包装食品的小厨房，一个废物处理隔间（厕所），一些用于存放宇航员设备和科学实验设备的储物柜，睡袋以及用于逃脱的气闸舱门。飞行器左舷的宇航员舱口

设有一个小而圆的窗户。

　　在起飞前和降落后，宇航员可以从舱门进入中间甲板并返回。但在飞行期间，除非机组人员在发射或再入过程中遇到紧急情况不得不弃船，否则舱门一直处于封闭状态。飞行期间打开舱门的情况从未发生过。在地面时，如有必要，宇航员可以通过从顶部垂下来的窗户或使用宇航员舱口的充气滑梯逃生。如果机组人员需要紧急援助，在

▶
航天飞机宇航员认为中间舱段是他们在太空中的家。这里的供应很像为露营旅行准备的。在包含大约一半中间舱段的视图中，来自瑞典的 STS-128 宇航员克里斯特·富格莱桑靠近厨房和储物柜，宇航员舱口窗和厕所隔间在他身后（资料来源：美国国家航空航天局）

▲
"发现"号的装配于 1980 年在加利福尼亚州的帕姆代尔开始，并于 1983 年 11 月交付肯尼迪航天中心（资料来源：美国国家航空航天局）

轨道器的右舷侧，救援人员可以在中间甲板上打开一个已标记好的舱门，从那里逃生。

"发现"号是第 4 个建造的轨道器（之前建造了"企业"号、"哥伦比亚"号和"挑战者"号），是第 3 架进入太空服务的飞行器。"发现"号是第一个根据前期的轨道器飞行经验改进的轨道器，被命名为轨道器 OV-103，于 1983 年交付到佛罗里达州肯尼迪航天中心。由于轨道器的结构设计发生了变化，"发现"号的重量比上 1 代产品减轻了近 7000 磅（3175kg），由此可以搭载更多的有效载荷。它也是第一个采用柔性隔热毯替换大部分白色隔热瓦的轨道器，白色隔热瓦或隔热毯是再入热屏蔽的一部分。

热防护系统

在"发现"号的使用历程中，大部分时候都被覆盖在隔热瓦、隔热毯和碳纤维板的变色马赛克中。这 3 种材料共同组成了 1 个可重复使用并可修复的轻质隔热罩，使飞行器能够从太空中一次又一次地返回，共返回多达 39 次。

轨道器以马赫数为 25 的速度穿过大气层下降时，温度高达 3000°F（1649°C）。为了在重返大气层中存活下来，热防护系统需使飞行器的铝制空气框架和外表保持在 350°F（175°C）以下。增强型碳纤维面板可以防止机头和机翼前缘受到最极端热量的影响。比固体材料包含更多空气的硅土瓦和柔性硅胶毯覆盖了轨道器的其余部分；在45分钟的下降过程中这种材料可以迅速散热，同时吸收热量缓慢。黑色瓦在底部、机头、窗框、稳定器边缘和机翼后缘以及所有发动机和推进器喷嘴周围的区域承受着2300°F（1260°C）的热量冲击。白色瓦和毯子覆盖的机身部分"感受"到的温度比较低（低

于1200°F；650°C）——除此之外，机翼、机身和稳定器的上表面和侧表面则因为机头的返回角度而受到保护。

"发现"号装备着大概24000块隔热瓦和隔热毯，每一块都有独特的编号，其尺寸和形状根据轨道器上的特定位置进行定制，并且是手动安装的。平均下来，每次任务后大约更换100块瓦。现在"发现"号上仍保留着

"发现"号的表面布满条纹和凹坑，并且褪色变色——这是一次又一次地前往太空并返回的标志（资料来源：史密森尼国家航空航天博物馆（NASM 2013-02524），摄影：丹·彭兰）
▼

"发现"号 OV-103 的规格

制造商（主承包商）：罗克韦尔国际公司

前机身和宇航员舱：罗克韦尔国际公司

中部空间：通用动力公司

有效载荷舱门：罗克韦尔国际公司

机翼：格鲁曼公司

尾部机身：罗克韦尔国际公司

垂直稳定器：费尔柴尔德公司

主发动机：罗克韦尔国际公司洛克达因分部

长度：122 英尺（37 米）

翼展：78 英尺（24 米）

高度（轮上）：57 英尺（17 米）

有效载荷舱：60 英尺 ×15 英尺（18 米 ×5 米）

轨道高度范围：115 ~ 400 法定英里（185 ~ 644 千米）

最大在轨载重：65000 磅（29484 千克）

发射最大重量：STS-124：269123 磅（122072 千克）

重量（当前）：161325 磅（73176 千克）

"发现"号的运行记录

任务：39 次

在轨累计时间：365 天

运行总距离（约）：1.48 亿英里（2.38 亿千米）

宇航员人数：每次任务 5 人、6 人或 7 人

最短任务：3 天，1 小时，STS-51C（1985 年）

最长任务：15 天，2 小时，STS-120（2007 年）和
STS-131（2010 年）

通信卫星任务（1984—1989 年,1995 年）：8 次

国防部任务（1985—1992 年）：4 次

科学使命（1990—1998 年）：9 次

"哈勃"太空望远镜任务（1990 年，1997 年，
1999 年）：3 次

俄罗斯空间站任务（1995 年，1998 年）：2 次

国际空间站任务（1999—2011 年）：13 次

日 / 夜发射：29 次和 10 次

日 / 夜着陆：31 次和 8 次

佛罗里达州 / 加利福尼亚州着陆：24 次和 15 次

约 18000 块原装黑色瓦，已经布满条纹，老化成灰色，与新替换过的瓦形成鲜明的对比。仿佛在瓦的边角喷刷的一样，这些细而直的白色条纹记录了下降过程中轨道器上的热流模式。小的白色圆圈标记着防水注射的斑点，以防止多孔瓦吸收水分。这个满是瑕疵的热防护装甲现在是"发现"号"多次回家"的徽章。

远程操纵器系统机械臂（加拿大制造）

在太空行走时，除了要穿上能保护舱外活动的航天服外，另一个最重要的辅助工具是远程操纵器系统机械臂，也称为加拿大臂或机械臂。这个 50 英尺长（15 米）的连接臂可以增强宇航员的力量，扩大行动范围。它像起重机一样可以用来将非常大的物品移入和移出轨道器的有效载荷舱。当宇航员在舱外工作时，它还可以作为 1 个移动平台，帮助准确定位所需的位置。

加拿大航天局和加拿大商业公司为航天飞机和空间站计划提供了几个机器人手臂。其中 1 个序列号是 202 的机械臂，服务了"发现"号最后 6 次飞往国际空间站的任务。从 1994 年到 2011 年，这个机械臂共在 4 个轨道器上执行了 15 次航天任务，之后随着"发现"号一起退役。今天，这只机械臂在"发现"号的旁边一起进行展示。

机器人手臂实际上是一个远程机器人，由宇航员在轨道器内的尾翼驾驶舱控制站远程操作。机械臂有肩膀、肘部，在腕关节处加上了一个设计好的用于抓握的"手"以及连接到末端的脚蹬。通过显示屏的数据、安装在机械臂上的电视摄像机的视图，并通过轨道器后部和顶部窗户进行视线监控，操作员可以通过操作两个手动控制器来移动机械臂。这项工作需要操作人员精神高度集中，并具备出色的手眼协调能力。

现代化

今天展出的"发现"号与 1984 年首飞的"发现"号并不完全相同。在航天飞机运行时代，除了常规维修和任

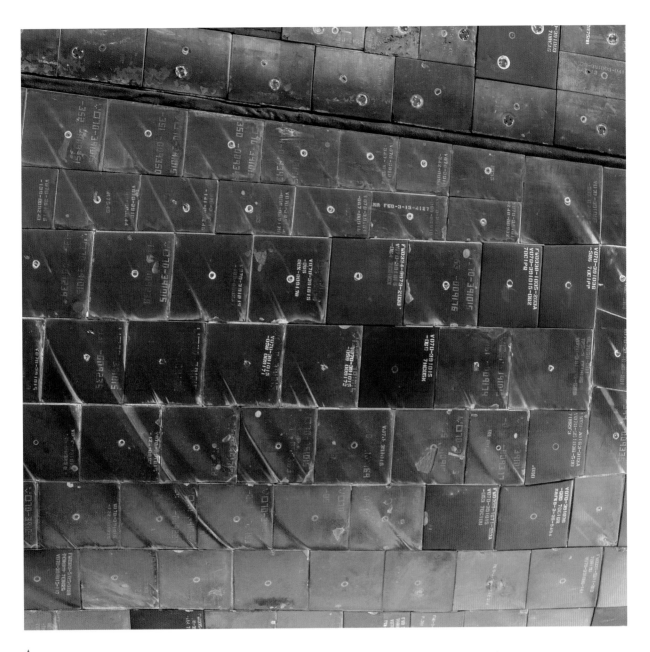

"发现"号的热防护瓦对于可重复使用的航天器至关重要；现在它们记录了轨道器从太空返回的历史（资料来源：史密森尼国家航空航天博物馆（NASM 2013-02986crop），摄影：丹·彭兰）

务之间的维护外，每个轨道器都会定期翻新以更新某些设备。1992年在代号为STS-42的第14次飞行任务之后，"发现"号在肯尼迪航天中心的服务舱内接受了近80项改装。这些改进包括在垂直稳定器下方安装拖曳滑槽，以帮助返回的轨道器在触地后减速。

1995—1996年，在飞完代号为STS-70的第21次任务后，"发现"号在加利福尼亚的帕姆代尔装配厂进行了9个月的重大升级。在那里，"发现"号进行了近百项改装，最明显的是拆除中甲板气闸并在有效载荷舱安装新气闸。其他许多改装则不那么容易看到，但对提高飞行器的性能和耐用性非常重要。

2001年"发现"号又进行了一次重大维护，安装了现代电子驾驶舱仪表——"玻璃驾驶舱"。这个仪表有11个屏幕阵列，为机组人员提供了彩色的重要飞行和系统数据。这次改造是在第30次代号为STS-105的飞行任务之后。

2003年"哥伦比亚"号发生悲剧后，"发现"号被选为"重返太空"的飞行器，它是最新升级的。到2004年，它再次进行了改造，然后连续执行了2次任务：2005年的STS-114任务和2006年的STS-121任务。"发现"号是事故后第一架接受改造的轨道器，包括安装可以在飞行中进行检查的延伸操纵臂和传感器包。今天，那个监视器仍留在"发现"号内部。

当航天飞机计划于2011年结束时，"发现"号和其他轨道器并未过时。因为每次任务之间都会进行检修维护，加上定期升级，这些卓越的航天飞行器尚未达到预期的使用寿命，将来也许会继续执行飞行任务。

►

从国际空间站上看"发现"号的最后一次飞行，带有直吊臂延伸部分的连接式加拿大机械臂位于有效载荷舱上方。2003年"哥伦比亚"号失事后，承担所有飞行任务的机组人员都使用了这个加拿大机械臂及其附属的传感器系统来检查整个飞行器外部是否有损坏（资料来源：美国国家航空航天局）

"玻璃驾驶舱"的电子系统在液晶显示屏上显示彩色图形信息，升级更换了许多旧的机电仪器和仪表（资料来源：美国国家航空航天局）

▼

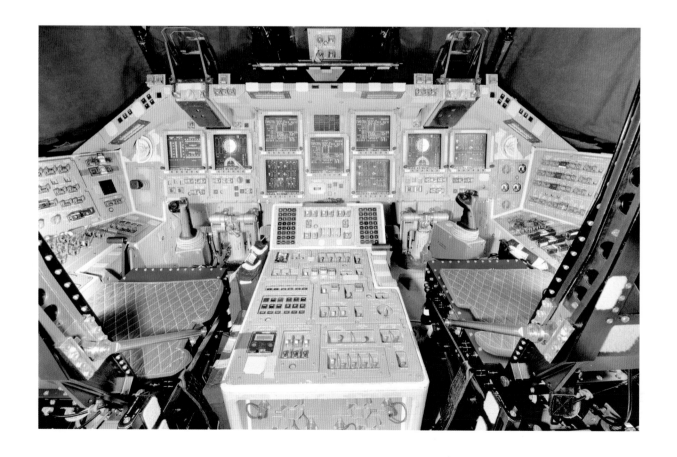

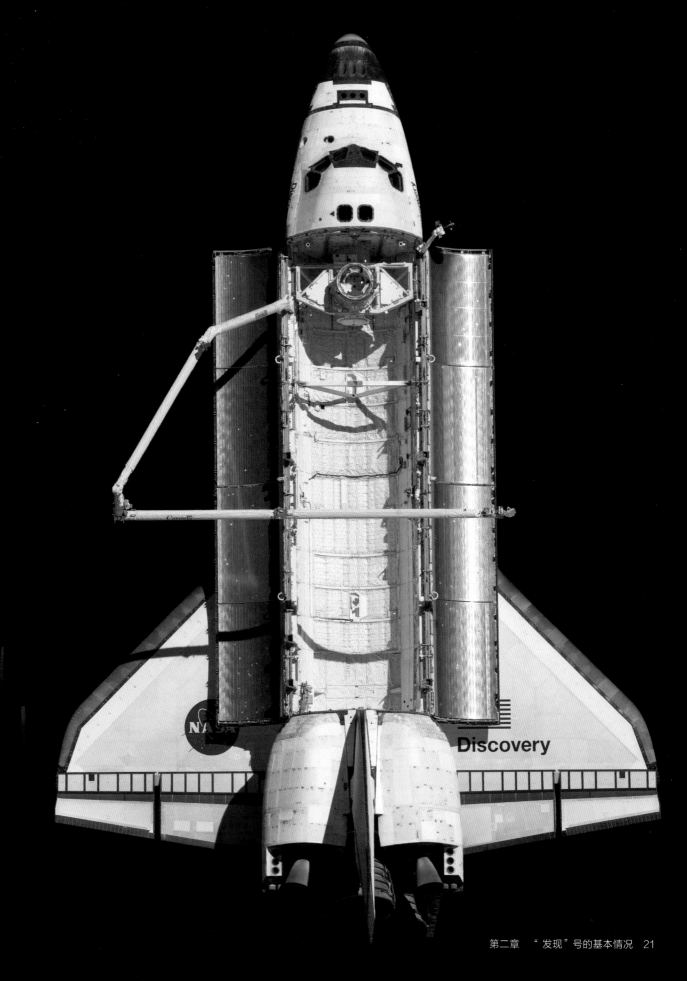

STS-51 任务中的宇航员卡尔·沃尔兹（前）
拿着一个电动棘轮工具，同时詹姆斯·纽曼
在测试便携式脚踏板，为第一次"哈勃"太
空望远镜维修任务做准备

第三章 飞行任务

下面对"发现"号的 39 次任务的描述与传统的日志不同，它更多的是故事叙述而不是单纯地给出每次任务的相关数据。每次任务的一些重要信息会备注在侧栏里：发射日期和着陆日期、飞行持续时间、轨道圈数、轨道倾角、最高高度和舱外活动（太空行走）次数，以及着陆点和机组人员名单等。定量数据构成了任务日志的骨架。每次航天飞机任务的主题和一些特别之处都记录在故事中。其实任何一次任务都足以写一本书，我相信有一天所有的故事都会被传颂。本书的目的是给出故事提纲，强调一些基本特征，并将故事结合其他飞行任务和整个航天飞机项目发展的背景一起叙述。叙事型线索将"发现"号的飞行任务与航天飞机时代广阔的历史背景、其他轨道器，以及国际空间站联系起来。让我们一起进入"发现"号的光辉历程吧，一共是 39 次旅程。

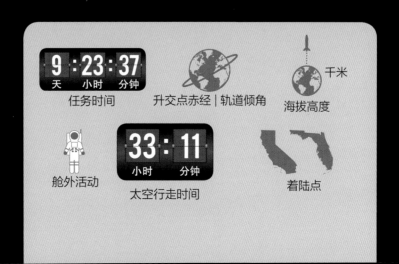

9 : 23 : 37
天　小时　分钟
任务时间

升交点赤经 | 轨道倾角

千米
海拔高度

舱外活动

33 : 11
小时　分钟
太空行走时间

着陆点

STS-41D: 1984年8月30日至9月5日

324 千米

97° | 28.5°

爱德华兹空军基地

指挥官
- 小亨利·哈特斯菲尔德，美国空军，他3次飞行中的第2次

驾驶员
- 迈克尔·高士，美国海军，他3次飞行中的第1次，3次都是驾驶"发现"号

任务专家
- 朱迪思·雷斯尼克，电气工程师，她2次飞行中的第1次
- 史蒂文·霍利，天文学家－天体物理学家，他5次飞行中的第1次，3次在"发现"号上
- 理查德·马兰，美国空军，航空工程师，他3次飞行中的第1次

有效载荷专家
- 查尔斯·沃克，麦克唐纳·道格拉斯公司员工，测试工程师，他3次飞行中的第1次，2次在"发现"号上

► "发现"号的第一次太空航行的标志是向与它同名的探索飞船致敬，用星星表示第12次航天飞机任务

"发现"号的首次飞行

1984年"发现"号作为航天飞机机队的第3个轨道器投入使用。在这之前，"哥伦比亚"号和"挑战者"号作为美国的"太空货车"，已经完成了11次飞行任务。"发现"号的首次任务紧随其后，在这次任务中，机组人员第一次部署了3颗通信卫星，这意味着航天飞机除了作为"太空货车"，还有其他的应用价值。

"发现"号的第1次任务开始得非常戏剧化——前3次发射都延迟了，第1次因为发射台上的发动机关闭了（离发射只有4秒）；第2次因为发射台着火了；第3次从发射台上返回是因为要改变有效载荷的顺序。但在发射成功后一切都非常顺利。除了任务指挥官小亨利·哈特斯菲尔德之外，其他机组人员都是第1次驾驶轨道器，任务专家朱迪思·雷斯尼克则成为第2位踏入太空的美国女性。

机组人员每天发射1颗卫星开启了任务之旅：首先是卫星商业系统公司的商业通信系统卫星，其次是美国海军的"莱亚"卫星（SYNCOM），最后是美国电话电报公司的"电星"。每次部署后，轨道器在升压马达延时点火前移开，之后卫星被送到既定轨道，距离赤道约22300英里（35888千米）。商业通信系统卫星和"电星"使有效载荷舱像陀螺一样旋转。这3个卫星中最大的"莱亚"卫星是第一个设计用于从航天飞机发射的宽体卫星。

通过宇航员的描述和任务修补程序可以反映出这个轨道器拥有奇特的特征，它看起来像是从有效载荷舱升起的塔。

► 前排（左到右）：理查德·马兰，史蒂文·霍利，小亨利·哈特斯菲尔德和迈克尔·高士
后排：查尔斯·沃克和朱迪思·雷斯尼克

▲

在释放之前，20英尺长（6米）的"莱亚"通信卫星位于有效载荷舱内的SBS卫星后面，其天线折叠在14英尺（4.3米）直径的顶部。1个弹簧式触发器像慢动作飞盘一样投出

这是1个轻型的太阳能阵列，高度相当于10层楼，宽13英尺，采用手风琴式褶皱结构便于紧凑装载——这也是当时太空中部署过的最大的结构。机组人员从后驾驶舱多次伸展和缩回阵列，观察其运行状态以及稳定性。这项新技术试验使航天飞机变成1个试验台，用于评估未来空间站所需的大型结构。

美国国家航空航天局为企业客户提供了有效载荷专家进入太空进行研究的机会。第一位乘坐航天飞机的非宇航员乘客是麦克唐纳·道格拉斯的测试工程师查尔斯·沃克，他开展了制药行业感兴趣的材料加工实验。该计划揭示了航天飞机对在太空中进行商业制造的可行性研究的作用。"发现"号在太空中表现得非常好。然而，1个意外引起了所有人的注意：1个大约2英尺长、直径为1英尺由废水和尿液组成的冰柱，从宇航员舱舱口外的卸货口突出来，威胁到打开的有效载荷舱门。

机组人员赶紧旋转轨道器，使有冰柱的一侧暴露于阳光的直射下，靠热量来减少冰块的重量，然后用机器人手臂轻轻将冰柱敲碎。STS-41D任务的成功证实了航天飞机作为运载工具、技术试验台和研究环境的多样性功能。

在"发现"号的39次任务中，有20多次涉及运载，但这个轨道器从职业生涯一开始就服务于多个飞行目的。

▲

通过顶部窗户看到的轻型可折叠太阳能电池阵列，从有效载荷舱向外延伸32米

STS-51A: 1984年11月8日至16日

7:23:44
天 小时 分钟

127° | 28.5°　343千米

12:14
小时 分钟
2

肯尼迪航天中心

指挥官
- 弗雷德里克·豪克，美国海军，他3次飞行中的第2次，2次在"发现"号上

驾驶员
- 大卫·沃克，美国海军，他4次飞行中的第1次，2次在"发现"号上

任务专家
- 安娜·费舍尔，医生，她唯一的1次飞行，远程操纵器系统机械臂操作员
- 戴尔·加德纳，美国海军，工程师，他2次飞行中的最后一次，2次太空行走
- 约瑟夫·艾伦四世，物理学家，他2次飞行中的最后一次，2次太空行走

徽章中，航天飞机的形状类似于美国鹰。2颗卫星进入轨道，另外5颗星代表机组人员

前排：弗雷德里克·豪克
后排（从左到右）：戴尔·加德纳，大卫·沃克，安娜·费舍尔和约瑟夫·艾伦四世
在宇航号的镜头和任务标志中有1只美国鹰作为任务STS-51A的吉祥物出现

"二上二下"

在首次发射后不到2个月，"发现"号就执行了第2次任务，发射了2颗通信卫星，并救回了另外2颗未能到达预定轨道的卫星。原定"挑战者"号执行第1次太空打捞任务，但在1984年4月的飞行后，它必须留在服务舱进行大规模的隔热瓦维修。

在轨道上度过的8天，"发现"号每一天都有一项主要任务。在第2天和第3天，机组部署了2颗卫星，第1颗是加拿大通信卫星公司的阿尼克卫星，第2颗是美国海军的第2颗"莱亚"卫星。

这些几乎自动化的发射过程与之前的发射任务进行得一样顺利。第4天，机组人员准备回收由"挑战者"号STS-41B任务部署的2颗已经失效的卫星。由于增压马达失灵，这2颗卫星已经失效。这些卫星已被远程操控移到航天飞机的高度并停在那里等待回收。指挥官弗雷德里克·豪克和驾驶员戴夫·威尔逊指挥"发现"号与2颗卫星分别会合。然后，机组人员开始执行之前仅执行过1次的任务（该任务类型仅在"挑战者"STS-41C任务中执行过）：捕获卫星并将其带入有效载荷舱。

在第5天和第7天（中间花了1天的时间进行进一步的准备），2名任务专家冒险在太空中行走，首先捕获了印度尼西亚通信卫星帕拉帕，接着又捕获了西部联合电报公司的西方星。约瑟夫·艾伦和戴尔·加德纳轮流将卫星打捞回轨道器。打捞过程中，其中1人先戴上载人机动单元推进背包，往外飞的时候携带一个"毒刺"——一个长捕捉

装置插入助推喷嘴作为手柄，"毒刺"可以阻止卫星的慢速旋转，最后让其转向回到飞行器。

将卫星移入有效载荷舱是由1名女性和2名男性宇航员小心翼翼地完成的。安娜·费舍尔从后部驾驶舱控制站操作远程操纵系统机械臂，依次用机械臂抓住2颗质量巨大的卫星并将它们带入有效载荷舱。她原本打算将其中的每颗卫星都谨慎地放入它们各自在有效载荷舱中的"摇篮里"带它们"回家"，但是硬件错误迫使机组人员执行"B计划"，从字面上理解就是通过人工手段将它们放置到位。在看不清卫星周围情况的条件下，还要留意不要撞到有效载荷舱中的其他东西，宇航员与卫星在太空中仿佛在练习摔跤，把这2颗卫星推到合适的位置让宇航员筋疲力尽。

载人操纵装置可以使宇航员离开轨道器并四处移动，这个装置是第3次也是最后一次执行任务。当年早些时候这个装备现身于2次"挑战者"号任务中。总共有6名宇航员飞行9架次，在2个一模一样的装置上飞行时间累计近10.5小时。由于后续使用需求降低，以及对不受限制的太空行走挥之不去的担忧，美国国家航空航天局停用了这项服务。其中1个现在在史密森尼国家航空航天博物馆的航天机库里挨着"发现"号摆放。

除了舱外工作占用了工作人员大量精力之外，另一个值得关注的事在中层甲板悄悄发生了。第一个在太空开发有机晶体的研究项目取得了很好的进展。它是由3M公司发起的，实验在反应器中进行。在不受重力影响的情况下，化学溶液形成具有特殊尺寸和纯度的晶体。太空中的晶体生长一直以来是电子和制药行业研究人员共同的关注领域。

有史以来第一次从轨道上成功打捞和回收卫星，美国国家航空航天局向客户证明了曾承诺的航天飞机服务兑现了。失效的昂贵卫星从太空中返回，便不会被视为完全的损失（1990年帕拉帕卫星和西方星都由火箭重新发射出去），科学设备可以飞到太空，也可以重返地球，还可以修理或改进，然后再次飞行。这种回收利用的操作与航天飞机时代精神完美契合，使航天飞行更加经济实用。

▲

戴尔·加德纳驾驶着载人机动单元推进背包，带着1个"毒刺"捕获装置接近西方星。对接时，他引导卫星返回航天飞机

▲

航天飞机机组成员间进行着友好的竞争，他们手上分别拿着其所负责的工作内容的标志：幻影移动、交付工作和服务的公司的名字

3：1：33
天 小时 分钟

345 千米

49° | 28.5°

0：0
小时 分钟

0

肯尼迪航天中心

全员军方团队 第15次航天飞机任务

指挥官

• 托马斯·马特利二世，美国海军，他的第2次航天飞行；他还执飞了"阿波罗"16号

驾驶员

• 洛伦·施莱佛，美国空军，他3次飞行中的第1次，2次在"发现"号上

任务专家

• 埃里森·翁尼祖卡，美国空军，航空航天工程师，他2次飞行中的第1次
• 詹姆斯·布赫利，美国海军陆战队，航空工程师，他4次飞行中的第1次，3次在"发现"号上

有效载荷专家

• 加里·佩顿赫利，美国空军，航天航空工程师，他唯一的1次太空飞行

掩盖着的秘密任务

　　为国防部预留的第一个航天飞机任务的新闻实际上被封锁了。为了国家安全，美国国家航空航天局没有为记者发放宣传资料袋，没有公布确切的发射时间、任务持续时间，也没有明确有效载荷的内容，直到发射前9分钟才开始倒计时和发布评论。美国国家航空航天局电视台没有在任务控制中心直播，要降落的消息直到在轨的最后几小时才发布。所有军方机组人员在飞行前后都没有接受任何采访。之前美国宇航员飞行的太空任务从未有被归类为秘密级别的先例。

　　美国国防部警告新闻媒体不要猜测秘密有效载荷的内容。然而，消息已经满天飞，《华盛顿邮报》、美联社和《纽约时报》纷纷报道了他们猜测的轨道器携带的东西：一种能够窃听苏联的先进间谍卫星。从航天飞机上发射后，卫星被空军的火箭上面级送到地球同步轨道。主要有效载荷的内容一直未公开确认，据推测是一颗"大酒瓶"（Magnum）静止轨道电子侦察卫星。

　　STS-51C任务显示了美国国家航空航天局和国防部之间的关系，这种关系在早期的航天飞机时代已经建立。美国空军、国家侦察局和国家安全局是国防任务的代理人。

　　航天飞机计划的总体规划是在佛罗里达州发射场发射"哥伦比亚"号和"挑战者"号，在加利福尼亚州范登堡

▶ 除了爱国标志和代表每个机组成员的星星外，标志没有提供关于这项任务性质的信息

站立（从左到右）：加里·佩顿赫利，詹姆斯·布赫利和埃里森·翁尼祖卡
前排：洛伦·施莱佛（左）和托马斯·马特利二世

空军基地西海岸发射场发射"发现"号，在那里它将致力于执行国防部的飞行任务。"发现"号私下里被称为"国防部航天飞机"或"空军航天飞机"。由于各种原因，这些计划都没有成功，而范登堡的航天飞机发射场也从未实现其目的。

尽管如此，国防部有优先使用航天飞机的权力，并已经预留了用于其他秘密任务的飞机。在漫长的冷战政治环境中，苏联担心航天飞机是军用的。在美国国内，航天飞机的第一个秘密任务激发了公众对美国太空计划的军事化和中间隐藏秘密计划的讨论。

原定"挑战者"号执行此次任务，但当时"挑战者"号仍在维修，"哥伦比亚"号正在翻新，因此由"发现"号取而代之。1985年1月下旬第一次发射取消了，当时温度降至冰点，航天飞机和发射台都结冰了，大家担心发射过程中可能造成损坏，于是取消了这次任务。第二天气温回暖，发射正常进行。根据美国国家航空航天局的进展报告，这项任务按计划进行得很顺利。

这次发射与第二年1月的"挑战者"号灾难性发射条件非常相似，也是在寒冷的天气中进行。将"发现"号送入太空后，对固体火箭助推器进行了恢复性检查，检查显示，在助推器接头的橡胶O形圈密封件中出现了惊人的腐蚀或热气体"吹过"的痕迹——这些导致了后来的烧穿事件和1986年"挑战者"号的发射失事。宇航员埃里森·翁尼祖卡（日裔美国籍）第一次执行飞行任务就是"发现"号的这次秘密任务，他在"挑战者"上执行下一次任务时，上机不到1分钟就与其他6名宇航员一起遇难。其实在这次"发现"号任务中，机组人员也同样与死神擦肩而过。

▲
1985年1月"发现"号进行了第3次发射，这也是航天飞机计划的第15次发射，图片显示"发现"号正在超越火箭塔架。据后来披露，此次固体火箭助推器的密封件被侵蚀，预示了12个月后，"挑战者"号第10次发射时的悲惨事故

460 千米

110° | 28.5°

肯尼迪
航天中心

指挥官

● 查尔斯·博科，美国空军，他3次飞行中的第2次

驾驶员

● 唐纳德·威廉姆斯，美国海军，他2次飞行中的第1次

任务专家

● 玛格丽特·瑞亚塞登，医生，她3次飞行中的第1次，远程操纵器系统机械臂操作员

● 杰弗里·霍夫曼，天体物理学家，他5次飞行中的第1次，1次太空行走

● 大卫·格里格斯，飞行研究员，他唯一的1次太空飞行，1次太空行走

有效载荷专家

● 查尔斯·沃克，麦克唐纳·道格拉斯公司职员，测试工程师，他3次飞行中的第2次，在"发现"号上2次

● 雅各·加恩，美国参议院，他唯一的1次太空飞行

创造纪录

根据当时的情况而非预先规划，"发现"号从1984年11月到1985年4月连续执行了3次任务。"哥伦比亚"号和"挑战者"号也这样飞过，那是因为它们是当时仅有的轨道器，但那也不像任务STS-51A、STS-51C和STS-51D安排得那么紧凑。"发现"号接二连三完成的这3次飞行任务，有2次是代替"挑战者"号飞行的，先是STS-51A任务，然后是这次。随着"亚特兰蒂斯"号10月投入使用，1985年成为标志性的一年：一共飞行了9次航天飞机任务，"发现"号飞了其中4个，创造了1个至今未打破的轨道器年度飞行纪录。

STS-51D任务与STS-51A的部分任务一样：部署2颗通信卫星，即部署第3颗加拿大通信卫星公司的阿尼克卫星和第3颗"莱亚"卫星。第1天，机组人员像往常一样将较小的阿尼克卫星旋转出有效载荷舱并观察升压级点火，然后将卫星送到运行轨道。这个部署过程简直完美无瑕。

第2天，"莱亚"卫星像往常一样被推出来，但后续动作没有完成。它的天线没有展开，旋转速度也没有像预期那样加快。很明显，卫星没有开启。任务控制中心决定做一些新的尝试：进行第一次没有事先计划的太空行走——去手动激活卫星。

这次任务演变为一次巧妙的操作，意味着在没有事先准备的情况下临时进行艰难的救援以避免失败。地面上的工程师和宇航员设计出一个解决方案，然后向航天飞机乘组发出指示，要他们使用机载材料制作像苍蝇拍和长曲棍

▶ 首次通过美国国旗将"发现"号和太空飞行与悠久的国家探索传统联系在一起

▶ 前排（从左到右）：查尔斯·博科、唐纳德·威廉姆斯、玛格丽特·瑞亚塞登、杰弗里·霍夫曼
后排（从左到右）：大卫·格里格斯、查尔斯·沃克和雅各·加恩

球棒一样的东西。他们希望临时制作一个工具可以帮助开启出事卫星上的开关。进行太空行走的宇航员杰弗里·霍夫曼和大卫·格里格斯穿上宇航服走到外太空，准备将工具连接到轨道器机械臂的末端。

指挥官查尔斯·博科和驾驶员唐纳德·威廉姆斯在"莱亚"卫星附近将轨道器转到合适的角度，以便机械臂操作员玛格丽特·瑞亚塞登可以试着去"拍打"开关。她结结实实地拍了3次，但什么动静都没有——开关坏了。失望的宇航员们不得不离开这颗卫星让下一次的宇航员去营救。

"发现"号机组人员里面有第一位尝试太空飞行的国会议员，美国犹他州参议员雅各·加恩，他是负责美国宇航局预算的参议院拨款小组委员会主席。他制定了一项协议，作为观察员参与有效载荷专家和空间适应综合征（俗称"太空病"）的研究。另外，麦克唐纳·道格拉斯公司的有效载荷专家查尔斯·沃克在他的第6次太空之旅中为公司开展实验。

这次任务还有一些特别之处。300只家蝇担任昆虫"宇航员"，飞行时被放在1个小型设施中，用于研究微重力中的脑细胞变化。这次飞行在"嘣"的一声中结束，当"发现"号在佛罗里达州的着陆带下滑时，一个起落架轮胎爆胎了。因此，在轮子和制动器重新认证之前，所有轨道器都着陆在加利福尼亚州爱德华兹空军基地，那里有更长的沙漠湖床跑道。

在STS-51D任务过程中机组人员和整个任务团队都展现了极强的韧性。即便在最为繁忙的航天年份中，工作速度加快的情况下，"发现"号依然完成了任务使飞行计划有序进行。

激活卫星的尝试几乎调用了整个机组的所有技能。太空行走者杰弗里·霍夫曼和大卫·格里格斯将玛格丽特·瑞亚塞登和雅各·加恩手工制作的2个工具连接到远程操纵臂的末端

驾驶员控制轨道器足够靠近卫星，让玛格丽特·瑞亚塞登能够使用装有工具的机器人手臂来切换开关。图中接近机动已完成，而开关切换尚未完成

7 : 1 : 38
天　小时　分钟

112° | 28.5°

386 千米

0 : 0
小时　分钟

0

爱德华兹空军基地

"发现"号第5次任务

指挥官
- 丹尼尔·布兰登斯坦，美国海军，他4次飞行中的第2次

驾驶员
- 约翰·克雷顿，美国海军，他3次飞行中的第1次，2次在"发现"号上

任务专家
- 香农·卢西德，生物化学家，她4次飞行中的第1次，往返于"和平"号，在"和平"号停留188天
- 约翰·法比安，航空宇航工程师，他2次飞行的最后一次
- 史蒂文·纳格尔，工程师，他4次飞行中的第1次

有效载荷专家
- 帕特里克·鲍德里，法国，航空工程师和驾驶员，他唯一的1次飞行
- 苏丹萨勒曼·阿卜杜勒阿齐兹，沙特阿拉伯，政府官员和驾驶员，他唯一的1次飞行

国际元素

"发现"号第5次任务首次搭载了来自其他国家的宇航员。之前"哥伦比亚"号和"挑战者"号与来自德国和加拿大的有效载荷专家一起飞行过。这次沙特阿拉伯王室成员和法国宇航员登上了"发现"号开始了他们的第一次航天飞行。这次飞行成员里有三国公民。苏丹萨勒曼·阿卜杜勒阿齐兹和帕特里克·鲍德里都是熟练的驾驶员，他们在飞行器上有自己的研究职责。

"发现"号机组这次又部署了3颗通信卫星：墨西哥的第1颗莫里亚卫星；阿拉伯联盟的阿拉伯卫星；美国电话电报公司的"电星"。3颗卫星都抵达了预定轨道并按预期运行。机组人员使用远程操纵机械臂首次部署并收回了1颗装有天文仪器的小型天文学工具科学卫星，这颗科学卫星与"发现"号相距大约100英里编队飞行。返回地球后，这颗科学卫星被重新配置并在未来的几个任务中再次飞行。

各种科学有效载荷吸引了宇航员大部分的注意力。他们参加了2次法国生物医学实验，并在中甲板宇航员舱内使用了一个研究炉来研究磁性材料。他们还远程激活了存放在有效载荷舱特殊金属罐中的6个小型实验（其中3个来自德国），他们还从驾驶舱窗口完成了地球摄影项目。

▶ 莱特飞机和航天飞机标志着从航空到太空飞行的进步

前排（从左到右）：丹尼尔·布兰登斯坦和约翰·克雷顿
后排（从左到右）：香农·卢西德，史蒂文·纳格尔，约翰·法比安，苏丹萨勒曼·阿卜杜勒阿齐兹和帕特里克·鲍德里

▲

图为部署的可重复使用的航天飞机指向自主研究天文学工具科学卫星，它可以自由飞行并由轨道器的机械臂回收。1名任务专家在后驾驶舱操作机械臂

一项不同类型的试验引起了媒体的大量关注：对罗纳德·里根总统和国防部倡导的"星球大战"战略防御倡议的激光系统进行试验。官方将之称为高精度的跟踪试验。试验中，当航天飞机飞过头顶上方时，地面射出强大的激光，航天飞机的侧边挂着一个8英寸的镜子，镜子将激光反射到地面工作站，这样激光能够"锁定"目标。研究人员还在摸索1个测试方案，试图评估地面激光是否可跟踪或摧毁太空中的敌方导弹。

在经常出现的制动损坏问题得到解决以前，飞行器一般都被要求降落在加利福尼亚州。"发现"号在结束为期1周的任务后，第一次在莫哈韦沙漠的一个干涸的湖床上降落。在这里落地后有更长的距离滑行，跑道上的侧风威胁也比在佛罗里达州的小，并且在沙漠场地上降落，制动不会那么剧烈。

与之前的卫星部署和太空实验室任务一样，STS-51G任务向国际社会展示了有条件将人和有效载荷带上航天飞机。着陆时美国国家航空航天局发言人称，这是迄今为止最成功的任务之一，轨道器的表现几乎完美无瑕，所有任务目标都圆满完成。"发现"号在人员方面也到达了1个里程碑：随着香农·卢西德登上"发现"号，第一批6名美国女宇航员已经全部飞入太空。当她表达对任务取得成功的看法时，像往常一样直率："我们有工作要做，我们去做了并完成了。"

离开宇航员宿舍前往发射台时，作为首位执行航天飞机任务的法国公民帕特里克·鲍德里，戴着贝雷帽。苏丹萨勒曼·阿卜杜勒阿齐兹是太空中的第一位阿拉伯人，28岁，也是最年轻的乘坐轨道器的人员，他在这张"发现"号的第一批国际机组人员的照片中排在第3位 ►

7 : 2 : 17
天　小时　分钟

112° | 28.5°

447 千米

2

11 : 46
小时　分钟

爱德华兹
空军基地

第20次航天飞机任务

指挥官

● 乔·恩格尔，美国空军，2次航天飞行中的第2次，第1次航天飞行在"企业"号上进行过接近和着陆测试飞行

驾驶员

● 理查德·科维，美国空军，4次飞行中的第1次，2次在"发现"号上

任务专家

● 詹姆斯·范·哈辛，液压工程师，他2次飞行中的最后一次，2次太空行走
● 约翰·朗格，天文物理学家，他3次飞行中的第1次，2次在"发现"号上，远程操纵器系统机械臂操作员
● 威廉·费舍尔，医生，他唯一的1次飞行，2次太空行走

发射、回收和修复

8月下旬，"发现"号开始了1985年的第4次太空飞行，创下了航天飞机时代至今未打破的轨道器年度飞行纪录。3颗通信卫星又一次填满了"发现"号的有效载荷舱。5名机组人员非常享受他们的额外任务：回收并修复4月"发现"号机组部署的已经失效的"莱亚"卫星。航天飞机的这20次飞行任务充分显示轨道器太空货车和服务站的功能。

机组人员首先将精力集中在部署3颗新卫星上，按计划在任务开始时每天释放1颗卫星。首先是美国国内通信1号卫星，这颗是为美国卫星公司、企业和政府机构服务的；其次是澳大利亚1号卫星，这是澳大利亚计划3颗通信卫星中的第1颗；最后是美国海军的另一个"莱亚"卫星。部署这些卫星就像执行熟悉的例行程序一样。事实上，机组人员巧妙地调整了他们的计划，在部署美国国内通信卫星的同一天部署了澳大利亚卫星，因为它的防护罩出现了故障。

接下来的任务对整个机组人员来说更具挑战性。在与休眠卫星会合后，"公牛"詹姆斯·范·哈辛和威廉·费舍尔穿上宇航服走出舱外，将近8吨缓慢旋转的气缸稳定

► 爱国的图标和颜色反映了这次使命的主题

► 聚集在约翰逊航天中心舰员舱训练器气闸中的机组，从任务标志开始顺时针方向分别是：威廉·费舍尔，理查德·科维，乔·恩格尔，詹姆斯·范·哈辛和约翰·朗格（在中心）

了下来，并协助远程操纵器系统机械臂操作员约翰·朗格将它引导进入有效载荷舱。起重机式样的机械臂发生了故障，所以操作起来更加复杂，于是1次太空行走变成2次太空行走。在此期间，太空行走团队重新启动了增压马达的计时器。

这项工作进展得很顺利，大大提高了大家的信心。地面控制台重新唤醒了卫星，后来发动机按原样发射，将"莱亚"卫星发送到了既定轨道，这让卫星的主人、承租人和保险公司都长舒了一口气。与此同时，"发现"号机组人员通过修复这个没有修复程序的产品，再一次向大家展示了其专业性，这种经验对于未来的任务非常有价值。

任务提前一天结束，"发现"号回到了加利福尼亚。"亚特兰蒂斯"号是刚加入航天飞机机队的新成员，它于10月初在佛罗里达州的发射台上进行了首次发射，加上后来"挑战者"号、"亚特兰蒂斯"号和"哥伦比亚"号的飞行任务，这一年总共完成了9次太空飞行任务。这是航天飞机最繁忙的1年，几乎达到了每月1次的任务目标。第2年的计划看上去会更加雄心勃勃。

从大环境来看，当时对于"发现"号并不特别重要的事件很快就变得非常重要起来。1985年夏天，当"发现"号执行2次飞行任务后，"教师在太空"计划的航天飞机乘客候选人的范围缩小了，克里斯塔·麦考利夫被选中。1985年的几次任务后的报告给出了固体火箭助推器部件之间密封性损坏的证据。这些不相关的因素在1986年的第2次任务中不幸地结合在一起，当时"挑战者"号在执行STS-51L任务，在起飞过程中遭到了毁灭性打击。美国国家航空航天局暂停了航天飞机计划并开展了调查，旨在查出事故原因并找到补救的方法。直到1988年9月，随着"发现"号重返太空，航天飞机飞行任务才开始恢复。

▲
站在"发现"号机械臂上的詹姆斯·范·哈辛，抓住"莱亚"卫星，首先减缓其旋转速度以便进行检查，然后再使其旋转进行重新部署

任务中另一个成功部署的使用固体火箭推进器的澳大利亚通信卫星
▼

STS-26: 1988年9月29日 至10月3日

4 : 1 : 0
天　小时　分钟

64° | 28.5°　330 千米

0 : 0
小时　分钟
0

爱德华兹
空军基地

指挥官

- 弗雷德里克·豪克，美国海军，他3次航天飞行中的最后一次，2次在"发现"号上

驾驶员

- 理查德·科维，美国空军，他4次飞行中的第2次，2次在"发现"号上

任务专家

- 约翰·朗格，天文物理学家，他3次飞行中的第2次，2次在"发现"号上
- 乔治·纳尔逊，天文学家，他3次飞行中的最后一次
- 大卫·希尔默斯，美国海军陆战队，电气工程师，他4次飞行中的第2次，2次在"发现"号上

▶ 象征主义主导了这个标志。随着美国国家航空航天局的延续计划，太空飞行新的一天开始了；在这个标志中，7颗星星纪念"挑战者"号的机组人员（红色箭头来自该机构的原始徽标）

▶ 这次机组人员首次穿着新式的宇航员发射返回压力服
坐着的：理查德·科维（左）和弗雷德里克·豪克
站立的（从左到右）：约翰·朗格，大卫·希尔默斯和乔治·纳尔逊

重返飞行

继上次任务结束后，"发现"号的下一次发射在3年后，即1988年的独立日。当OV-103于9月底发射时，对外宣称的任务是继续发射1颗通信卫星，但其真正的目的是恢复大家对航天飞机的信心，对美国国家航空航天局和人类太空飞行计划的信心。"发现"号使美国重回太空。

在1986年"挑战者"号STS-51L任务悲剧发生后不久，管理层就选择了"发现"号OV-103执行重返飞行任务。"亚特兰蒂斯"号已经配备到了下一次航班，"哥伦比亚"号在最近一次返回后刚刚进入检修状态，而"发现"号当时是处于准备状态。事实上，此前"发现"号等待着于1986年被运到加利福尼亚，准备从范登堡空军基地开始一次航天飞机任务。这一次准备就绪返回飞行的任务成为了"发现"号职业生涯的转折点。由于不相干的原因，西海岸发射场被取消了，"发现"号停留在佛罗里达州，最终成为机队中飞行最多的飞行器。

为了准备下一次飞行，机组人员对"发现"号进行了全面改进，大约200多项改进，其中大约有100项是针对"挑战者"号事故调查结果而改进的。对制动器、发动机和推进器以及隔热瓦和隔热毯的一些区域进行了重大改进。同时，对固体火箭助推器接头进行了重新设计，并在助推器和外部油箱的其他地方进行了整改。航天飞机长时间的停飞有必要对许多技术和结构做出改变以提高安全性。

STS-26任务机组人员同样也采用了新的安全措施，最明显的是亮橙色压力服。4次试飞后，航天飞机发射和再入

时宇航员不再穿着压力服，穿普通面料飞行服就足够了。但"挑战者"号事故发生后，工作人员在太空飞行这 2 个关键阶段还是穿上了压力服。新的发射服，俗称"南瓜套装"，可为机组人员提供一些保护，以抵抗机舱压力、火灾或提供紧急救援。它还包括 1 个降落伞包和生存装备。

另外，在中甲板上还安装了 2 个机组逃生辅助设备：伸缩杆和充气滑梯。在上升或下降过程中如遇到紧急情况，机组人员可以将舱门炸开，拉开长杆，让长杆穿过打开的舱门，然后将安全带连接到滑动钩上，依次地通过降落伞降落。在紧急着陆时，他们可以炸开舱口并触发滑道从而快速逃出。"发现"号是第一个搭载这些设备飞行的轨道器；幸运的是，这些逃生设备从未在任何任务中使用过。

这次任务的主要目标是部署第 2 颗跟踪和数据中继卫星（TDRS），第 1 颗是 1983 年部署的。部署这颗卫星原本是"挑战者"号的最后一次飞行任务，但它在事故中被炸毁了，所以"发现"号事实上部署的是第 3 颗卫星。随着这 2 颗大型通信卫星投入使用，美国国家航空航天局几乎可以与近地轨道上的航天飞机和其他科学卫星（如"陆地卫星"和即将登场的"哈勃"太空望远镜）进行持续的通信，可以代替部分地面基站通信。

"发现"号在发射 6 小时后，机组人员通过远程操控将支撑架向上倾斜部署了跟踪和数据中继卫星；然后爆炸螺栓断裂，弹簧加载机构将卫星推出有效载荷舱。其强大的上面级在 1 小时后发射，将跟踪和数据中继卫星推进到地球同步轨道约 22300 英里（35888 千米）处。

在剩余的任务中，工作人员专注于中甲板上的 11 个材料加工和生物技术实验。提供实验的包括 3M、杜邦、默克和辉瑞等公司以及大学研究人员等。机组人员还接受了地球观测计划并拍摄了大约 2000 张照片。

从 STS-26 任务开始，美国国家航空航天局放弃了原先按字母排序的任务编号，恢复了更简单的数字排序方案。所有后续任务都编有数字编号，尽管有时不一定按编号顺序飞行。

STS-26 任务机组人员是首次完全由经验丰富的资深太空驾驶员组成的队伍。指挥官弗雷德里克·豪克表示，他们有责任"将我们带回载人航天事业。"着陆时用任务控制中心的话说，这个新开头开得不错。

当大家还沉浸在"发现"号成功重返飞行的兴奋中时，检查员发现了一些不祥之兆。1 个机翼下的隔热瓦区域在发射期间被碎片撞击，损坏严重，并且在再入期间受到热侵蚀。轨道器防护罩中的 1 个小缺陷可能会使其下降时更易受损。虽然当时没有人能够认识到这一点，但这个缺陷为 15 年后的航天飞机悲剧埋下了隐患。

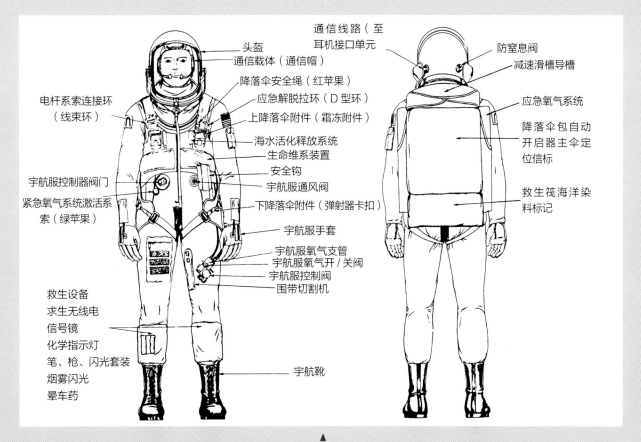

▲
宇航服构造

▲
在重返太空飞行任务中，"发现"号的隔热瓦受到严重损坏。图中所示区域在发射过程中被固体火箭助推器的碎片击中，导致轨道器在再入时容易受到进一步损坏

◀
连接到17英尺长（5.2米）的两级固体火箭的跟踪和数据中继卫星，重约20吨。到达正确的轨道后，其太阳能电池阵列和金色天线展开

▲
为了展示民族自豪感，副总统乔治－H.W.布什欢迎"发现"号宇航员回家

4:23:38 天 小时 分钟

80° | 28.5°

330 千米

0:0 小时 分钟
0

爱德华兹空军基地

指挥官
- 迈克尔·高士，美国海军，他3次飞行中的第2次，全部在"发现"号上

驾驶员
- 约翰·布拉哈，美国空军，他6次飞行中的第1次，2次在"发现"号上，并停留在"和平"号上

任务专家
- 詹姆斯·布赫利，美国海军陆战队，航空工程师，他4次飞行中的第3次，3次在"发现"号上
- 罗伯特·斯普林格，美国海军陆战队的运营研究和系统分析师，他2次飞行中的第1次
- 詹姆斯·巴吉安，医学博士和工程师，他2次飞行中的第1次

美国国家航空航天局的另1颗卫星

5个月后，"发现"号又执行了与上一次任务类似的任务，并以此开启了1989年的计划。它再次为美国国家航空航天局携带了跟踪和数据中继卫星，并为商业和大学客户进行了各种科学实验。有效载荷舱还为美国国家航空航天局研究人员进行了技术试验。

这颗跟踪和数据中继卫星是第4颗发射的卫星，但却是第3颗进入轨道的卫星，因为其中第2颗随着"挑战者"号毁坏了。它取代了自1983年以来运行的第1颗跟踪和数据中继卫星，第1颗跟踪和数据中继卫星被重新定位为一个在轨备用卫星。在赤道上空运行着2颗跟踪和数据中继卫星，1颗在大西洋上空，1颗在太平洋上空，这2颗卫星使美国国家航空航天局可以与近地轨道上的航天飞机和科学卫星保持持续的通信。2颗都是"发现"号部署的，之后它们服役了20多年。

在此次任务中，第一天发射卫星后，机组人员继续保持着繁忙的研究日程。蛋白质晶体生长设施在中甲板再次运行。他们利用该设施进行了60次实验，这些实验来自大学、政府和产业研究团队。另一项实验研究了微重力下发芽的植物根部的细胞分裂和遗传。他们对32个受精卵和4只大老鼠进行了实验，这些实验检查了失重状态下鸡胚胎发育和骨骼愈合的情况。在有效载荷舱中，热管实验测试了一种新的散热器技术，该技术考虑在未来的空间站使用。工作人员启动并监测了这些地面科学家的所有实

► 这种设计表明了航天飞机和太空计划的强大前进驱动力;7颗星星是为了纪念"挑战者"号机组成员

坐着的：约翰·布拉哈（左）和迈克尔·高士
站立的（从左到右）：詹姆斯·巴吉安，罗伯特·斯普林格和詹姆斯·布赫利

验，而地面科学家们也关注着他们实验的进展。

　　"发现"号还携带了 IMAX®相机，事实上它从第一次任务就携带了。由 IMAX®专家培训后，机组人员总是力求获得最佳、最理想的照片。来自这些在轨飞行任务的地球视图成为《蓝色星球》的一部分，《蓝色星球》是宇航员在太空拍摄的第 2 部 IMAX®故事片。

　　随着 STS-29 任务的结束，航天飞机计划在这个"五个任务"的年度开了个好头。

▲
驾驶员约翰·布拉哈还同时担任摄影师，使用 70 毫米的 IMAX® 相机透过窗户拍摄地球景观

◀
"发现"号在 1989 年的首次发射，延迟了 2 小时，直到晨雾散去

5:0:6
天　小时　分钟

79° | 28.5°

559千米

0:0
小时　分钟
0

爱德华兹空军基地

指挥官
- 弗雷德里克·格雷戈里，美国空军，他3次飞行中的第2次

驾驶员
- 约翰·布拉哈，美国空军，他6次飞行中的第2次，2次在"发现"号上，并停留在"和平"号上

任务专家
- 小曼利·卡特，美国海军，医生，他唯一的1次飞行
- 斯托里·马斯格雷夫，美国海军陆战队，医生，他6次飞行中的第3次
- 凯瑟琳·桑顿，物理学家，她4次飞行中的第1次

▶ 1只带翅膀的猎鹰符号象征着国家安全任务，猎鹰翅膀的条纹形状象征着美国国旗，国旗上的条纹与背后的一片星空遥遥相对；图案的四周是机组人员的名字，当中那颗单独的金星代表的是首位宇航员大卫·格里格斯

神秘与创造历史

"发现"号飞了1989年的最后一次任务，这是国防部的第2次秘密任务。这实际上是10个秘密国家安全任务系列中的第5个。10个任务中的9个是由"发现"号或"亚特兰蒂斯"号从1984年到1992年期间执行的。这队机组人员每个人都有军事经验。

和以前一样，美国国家航空航天局没有发布有关有效载荷和机组活动的新闻资料，也没有在飞行期间提供评论，机组人员在此次任务中没有公开露面。新闻报道中对于有效载荷的猜测与第一次秘密任务STS-51C相同。有效载荷被认为是由国家侦察局运营的"大酒瓶"——静止轨道电子侦察卫星，用于收听共产主义国家内部和国家之间的官方通信。任务结束后，工作人员公布了他们在生物医学和技术实验以及地球摄影方面的非机密工作。

弗雷德里克·格雷戈里作为执行太空任务的第一位非裔美国指挥官创造了历史。他曾在1985年的太空实验室任务中担任首位非裔美国航天驾驶员，并于1991年指挥了1次国防部任务。格雷戈里后来在美国国家航空航天局总部担任高级领导职位。

在航天飞机起飞前几个月，机组人员遭遇了意外。原本选定的驾驶员大卫·格里格斯因一架私人飞机坠毁而丧生。STS-33任务本将是他在"发现"号上的第2次飞行。之前在"发现"号上执行过飞行任务的驾驶员约翰·布拉哈步入驾驶员队伍。另一名机组人员桑尼·卡特于1991年在1次商业飞机失事中丧生。机组其他成员在20世纪90年代继续执行飞行任务。

▶ 弗雷德里克·格雷戈里（中间），其周围按顺时针排序分别为凯瑟琳·桑顿和小曼利·卡特（左）；约翰·布拉哈和斯托里·马斯格雷夫（右）

在"挑战者"号事故发生后,"发现"号进行了第一次夜间发射,截至当时其只在黑暗中发射过3次。即便是电视记者也评价叹为观止

STS-31: 1990年4月24日到29日

5:1:16
天 小时 分钟

80° | 28.5°

616
千米

0:0
小时 分钟

0

爱德华兹
空军基地

第 10 次"发现"号任务；第 35 次航天飞机任务

指挥官

- 洛伦·施莱佛，美国空军，他 3 次飞行中的第 2 次，
  2 次在"发现"号上

驾驶员

- 小查尔斯·博尔登，美国海军陆战队，他 4 次飞行
  中的第 2 次，2 次在"发现"号上

任务专家

- 史蒂文·霍利，天文学家和天体物理学家，他 5 次
  飞行中的第 3 次，3 次在"发现"号上；远程操纵
  器系统机械臂操作员
- 布鲁斯·麦坎德斯二世，美国海军，电气工程师，
  他 2 次飞行中的最后一次
- 凯瑟琳·沙利文，美国海军，地质学家和海洋学
  家，她 3 次飞行中的第 2 次

"哈勃"太空望远镜投送

"发现"号在 20 世纪 90 年代的第 1 次飞行，也是"发现"号自身的第 10 次飞行和航天飞机项目的第 35 次飞行。这次飞行引起了媒体的关注，因为机组人员要将公众期待已久的"哈勃"太空望远镜送入轨道，"哈勃"太空望远镜是四大"天文台"中的第一个，旨在探索宇宙中的电磁波谱。

望远镜原定于 1986 年在"亚特兰蒂斯"号上发射，先是因为"挑战者"号事故推迟，在 1988 年航天飞机项目重启时又为其他新增的优先项目让路。当"发现"号立在发射台上，有效载荷舱内携带着"哈勃"太空望远镜时，它前面已经执行了 9 个飞行任务。当时"哥伦比亚"号正在另一个发射塔上准备着，这是第 2 次两个发射台同时使用的情景；第一次发生在 1986 年 1 月，那时"哥伦比亚"号和"挑战者"号都立在发射塔上准备迎接航天飞机最繁忙的一年。

"哈勃"太空望远镜是美国国家航空航天局首届一指的天文学和天体物理学新项目，宣称它超越了当时地球上最好的天文台，可以观测太空深处和宇宙黎明时期的更久远的过去。它能够揭示有关宇宙的一些最为深刻的问题。

为了满足大家如此高的期望，"发现"号上的机组人员经过精挑细选，在所有可预见的问题上做好了充分的准备。他们的工作是将望远镜抬离有效载荷舱，检查其太阳能电池阵列和天线的延伸，然后将其释放到太空，并确保光圈门打开——所有动作都受到驾驶舱监控。然而，如果任何附属器件未能展开或光圈门没有打开，经过多年专业训练的布鲁斯·麦坎德斯二世和凯瑟琳·沙利文就要走到舱外去手动配置望远镜。

▶

"哈勃"
太空望远
镜指向宇
宙的方向。
螺旋星系和航
天飞机后面的红色条
纹彰显了埃德温·"哈勃"爵士对星系本
质、红移和宇宙膨胀的研究

▶

从左至右依次是：小查尔斯·博尔登，史蒂文·霍利，洛
伦·施莱佛，布鲁斯·麦坎德斯二世和凯瑟琳·沙利文

▲
由机械臂抓住并通过头顶窗户可以看到，"哈勃"太空望远镜有一个太阳能阵列翼，2个天线都延伸开来。在第2个太阳能阵列展开后，史蒂文·霍利引导机械臂释放望远镜

第2天轨道部署工作一开始，两个太空行走者预先吸入氧气，整理好工具，并穿好部分宇航设备。当出现紧急舱外活动时，这些预先准备可以节省时间。史蒂文·霍利操作远程操纵臂将望远镜抬起并将其旋转到适当的位置，而洛伦·施莱佛和小查尔斯·博尔登负责定位跟踪和摄影。当太阳能电池板展开并且天线按指令展开时，就不需要太空行走辅助工作，霍利释放了望远镜。3天后，光圈门按指令打开接收了第一束光，这次操作也成功了，没有接受太空行走辅助。

为了将"哈勃"太空望远镜置于383英里（616千米）的轨道上，"发现"号飞到了迄今为止最高的高度。机组人员使用了2台IMAX®摄像机——1台安装在有效载荷舱内，另1台安装在宇航员舱内——用于拍摄部署经过，同时也从更高角度、更广阔的视野观察地球。他们还进行了8个实验，其中几个实验在好多次任务中都进行过，这次实验是为了增加如何获得蛋白质晶体生长和其他事项的额外经验。在完美执行任务后返回时，"发现"号首次使用了新的碳刹车片顺利让轨道器停下来。

在接下来几周由远程控制的激活和检查中，工程和科学团队发现了主镜中的1个焦点缺陷，这在3年后引发第1次望远镜维修任务。"奋进"号执行了第1次维修任务，"发现"号在1997年和1999年执行了第2次和第3次维修任务；它是唯一与"哈勃"太空望远镜进行3次太空交会的轨道器。

▲
适应和准备：凯瑟琳·沙利文和布鲁斯·麦坎德斯二世准备好处理部署望远镜可能出现的任何问题。2人都创造了太空行走的历史，她是第一位美国女太空行走者，他是第一位无系绳太空行走的人，背着装有推进器的背包，在宇宙中自由飞行

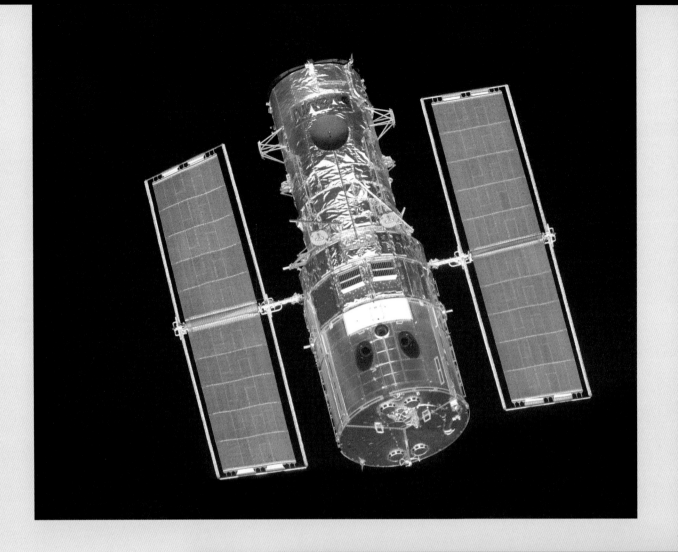

▲
其他任务的航天飞机机组人员
在接近望远镜时拍摄到这个视
图。维修期间，光圈门已经关
闭以保护镜头

▶
在望远镜释放到太空之后，光
圈门打开，以接收来自宇宙中
最远、最微弱、具有最神秘特
征的光

◀
机组人员和摄像机的视野比以
前的航天飞机任务高出 225 英
里。从这里可以看到埃及、红
海、沙特阿拉伯、地中海，以
色列和约旦这一区域的大部分
地区

4 : 2 : 10
天　小时　分钟

66° | 28.5°

296
千米

0 : 0
小时　分钟

0

爱德华兹
空军基地

指挥官

- 理查德·理查兹，美国海军，他4次飞行中的第2次，2次在"发现"号上

驾驶员

- 罗伯特·卡巴南，美国海军陆战队，他4次飞行中的第1次，2次在"发现"号上

任务专家

- 布鲁斯·梅尔尼克，美国海岸警卫队航空工程师，他2次飞行中的第1次
- 威廉·谢泼德，美国海军，机械工程师，他4次飞行中的第2次，1次国际空间站远征
- 托马斯·阿克斯，美国空军，数学家，他4次飞行中的第1次

► 红色条纹描绘了"尤利西斯"探测器从航天飞机、木星周围以及绕太阳运行的旅程

太阳极地探险

1990年下半年，"发现"号部署了"尤利西斯"号，这是第1艘飞越太阳极地的宇宙飞船。"尤利西斯"号是第3个行星际探测器，它的行程从"发现"号航天飞机上开始；另外2个探测器"麦哲伦"号和"伽利略"号于1989年从"亚特兰蒂斯"号上发布。大约4年后，"尤利西斯"号第1次凌日。

机组人员在太空的第1天部署了"尤利西斯"号。与轨道器部署通信卫星一样，它被安装在火箭上面级以便从近地轨道上推动。惯性上面级和有效载荷辅助模块二者将"尤利西斯"号推向了行星际空间。

"尤利西斯"号首先前往木星，方向发生了非同寻常的变化。巨行星的引力将小型航天器的路径从行星平面弯曲成垂直的轨道，将其带到太阳的北极和南极。它携带的科学仪器对这些区域以及太阳磁场和太阳周围的太阳风进行了良好的观察。"尤利西斯"号执行的是美国国家航空航天局和欧洲航天局的联合项目，在其服务的18年中有6次凌日。

接下来的4天专门用于科学实验和工程工作。2个技术实验在有效载荷舱中进行，同时中间甲板进行着另1组实验，有材料处理、植物生长、物理学、辐射监测和燃烧实验。美国国家航空航天局、大学和商业研究人员的一些设备都曾经在太空中飞行过，这些小型实验室里的老鼠或者火苗都不会从它们的封闭区域中逃逸出来。

前排：罗伯特·卡巴南（左）和理查德·理查兹
后排（从左到右）：布鲁斯·梅尔尼克，托马斯·阿克斯和威廉·谢泼德 ►

同许多其他任务一样，这项任务显示了航天飞机的多功能性。将其用作近地轨道发射台比从地面发射更有优势：行星际太空船可以用更小、更便宜的火箭推进器。与此同时，航天飞机支持不同领域的研究，科学家可以不止1次地进行实验，以拓展之前取得的成果。这些做法标志着航天飞机项目为更加经济地进入太空而做出的努力。

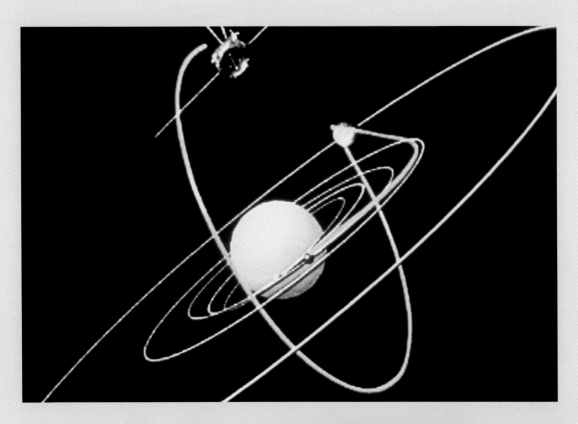

▲ "尤利西斯"号的飞行路径在木星处急转弯，使航天器经过太阳时，直接从这一极到另一极

◀ 来自美国海岸警卫队的第一位宇航员布鲁斯·梅尔尼克，按照传统，将他的服务旗帜悬挂在船上

STS-39: 1991年4月28日至5月6日

8:7:22
天 小时 分钟

134° | 57°

259 千米

0:0
小时 分钟
0

肯尼迪
航天中心

第 40 次航天飞机任务

指挥官

• 迈克尔·高士,美国海军,他 3 次飞行中的最后一次,都在"发现"号上

驾驶员

• 布莱恩·哈蒙德,美国空军,他 2 次飞行中的第 1 次,2 次都在"发现"号上

任务专家

• 格雷戈里·哈博,工程师,他 4 次飞行中的第 1 次,2 次在"发现"号上
• 唐纳德·麦克莫纳格尔,美国空军,机械工程师,他 3 次飞行中的第 1 次
• 小吉恩·布鲁福德,美国空军,航空航天工程师,他 4 次飞行中的第 3 次,2 次在"发现"号上
• 查尔斯·莱西·维奇,美国空军,工程师,他 2 次飞行中的第 1 次
• 理查德·希布,航空航天工程师,他 3 次飞行中的第 1 次

▶ 这个箭头形状象征着高目标,其中 7 星座 Aquila(鹰)代表着宇航员;电磁频谱代表任务的重点是观察空间环境

从左到右依次是:查尔斯·莱西·维奇,唐纳德·麦克莫纳格尔,格雷戈里·哈博,迈克尔·高士(中),布莱恩·哈蒙德,理查德·希布和小吉恩·布鲁福德 ▶

公开的国防研究

"发现"号执行了 2 个国防部机密任务后,执行了第一个公开的国防部任务,以便接受公众的监督。这是第 8 个专门的国防部任务。从此,即便上面搭载了秘密的有效载荷,航天飞机执行国家安全任务也不再是秘密。美国国家航空航天局终于可以对航天飞机从事军事活动持开放态度,新闻媒体提供的是真实的信息而不是他们的猜测。

这是迄今为止时间最长的任务,为期 8 天,"发现"号配备了科学仪器来观察和探测太空环境。其中一些设备被动地记录着自然现象,例如极光和大气气辉。另外一些则通过释放某些化学物质主动扰乱太空环境并观察结果。传感器和低光电视摄像机记录了这些现象以供详细研究。

机组人员分两班轮流进行由美国空军和战略防御计划组织赞助的密集研究项目。大多数实验的重点是测试反导弹传感器或区分推进剂气体与太空中自然光的效应。总体目标是学习如何识别在太空中发射的导弹发动机的光学和化学特征,以便开发有效的反导防御技术。

美国空军有效载荷仪器在红外到 X 射线波长的光谱范围内观察到自然和人工光源。这些设备位于有效载荷舱内的跨越式平台上,由机组人员从后驾驶舱操作,从极光、大气、天体物理源和自然背景辐射中收集数据。充分理解这些数据将有助于更好地开发传感器以检测和跟踪导弹和航天器的发射。

战略防御计划组织的研究依赖于有效载荷舱和航天飞机支架卫星上的仪器,该卫星被部署在距离航天飞机几英里处,之后被回收。他们一起观察了轨道器机动推进器的发射和典型的火箭推进剂液体和气体的释放。当这些化学

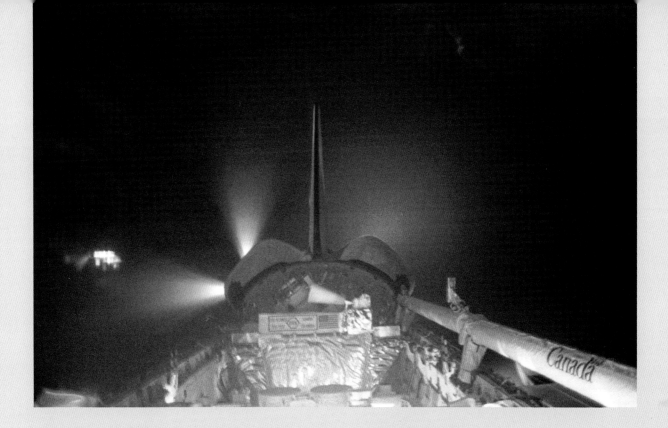

物质从装在有效载荷舱中的小罐中喷出或从飞行器中弹出时，它们形成了类似火箭尾气羽流的发光云。经过这些训练，航天飞机和航天飞机支架卫星上的传感器，空军地面站和飞机上的传感器的传感性能都有所提升。这些实验获得了用于更好地检测和识别可能与导弹有关的化学品的信息。

"发现"号积极参与实验，研究人员分析其推进器点火的化学特征，以开发更有效的导弹探测传感器

　　一些新闻记者称这个任务是个精心编排的芭蕾舞表演或慢动作杂技节目，因为轨道器必须为每个实验做出 60 多个复杂的动作才能到达正确的位置。为了将有效载荷舱中的仪器指向极地极光，或沿地球地平线看到气辉，整个轨道器必须转向。化学品释放和发动机点火也需要特殊操作，以确保航天飞机支架卫星上的仪器可以看到它们。所有观测站点与主动实验的时间同步也必须是精确的。驾驶轨道器与卫星会合并收回卫星，其控制需异常精准和熟练。

　　其他有效载荷观察了地球大气层的边缘、云层和电离原子氧的发光。此外，在轨道上的最后一天，一个秘密的美国空军有效载荷被部署在了有效载荷舱中的一个特殊罐里。

控制轨道器系统的 5 台新计算机尺寸只有原来的一半，但运行速度更快，内存更大

　　从大多数情况来看，这是当时最复杂的一次航天飞机任务，它给"发现"号 OV-103 带来了更多的第一次。这是第一次"发现"号机组人员进行全天候操作的任务，而且这是一组成员身高最高的机组，平均身高超过 6 英尺。"发现"号第一次飞行了高倾斜轨道，与赤道形成 57° 夹角飞过地球上空很多的地方（要知道 28° 才是它典型的轨道倾角），以这个夹角可以更好地观察极光和大气气辉，但这也可能是秘密有效载荷的要求。"发现"号上装了 5 台改进的通用计算机，即控制轨道器系统的大脑。"发现"号再次降落在佛罗里达州，这也是因为制动问题使加利福尼亚成为首选着陆点后，"发现"号第一次在老家着陆。

　　"发现"号的驾驶员布莱恩·哈蒙德自豪地将 STS-39 任务概括为"所有航天飞机任务的大满贯"。

▲
南极光或极光，像幕布一样在地球上方弯
曲和折叠

一束绿色的极光和炽热的气氛生动地在这个
夜晚穿过南半球
▼

▲
机组人员使用轨道器的机械臂将航天飞机支架卫星移出有效载荷舱进行观测，然后将其取回。航天飞机支架卫星在"发现"号前面和上面飞行了大约6英里

5:8:27
天 小时 分钟

81° | 57°

572 千米

0:0
小时 分钟
0

爱德华兹
空军基地

指挥官

• 约翰·克雷顿，美国海军，他3次飞行的最后一次，2次是在"发现"号上

驾驶员

• 小肯尼思·瑞特勒，美国海军，他两次任务中的第1次，2次都在"发现"号上

任务专家

• 查尔斯·萨玛·格玛，美国陆军，工程师，他3次飞行中的第2次
• 詹姆斯·布赫利，美国海军陆战队，航空工程师，他4次飞行的最后一次，3次在"发现"号上
• 马克·布朗，美国空军，航空工程师，他2次飞行的最后一次

▶ 三角形象征着高层大气中化学、物理和能量的关系。光谱的颜色将卫星和大气连接起来。从北方秋天和冬天天空看到的恒星代表了任务执行的时间

▶

从左到右围绕约翰·克雷顿（中）：马克·布朗，查尔斯·萨玛·格玛，詹姆斯·布赫利和小肯尼思·瑞特勒

对地球的使命

"发现"号又一次将科学卫星送入太空，这次是为了进行全球气候变化研究。高层大气研究卫星是美国国家航空航天局"对地球的使命"的第一个主要组成部分，这项全球气候研究持续了20多年。

在20世纪80年代中后期，科学家们建议美国国家航空航天局像研究其他行星一样研究地球。随着人们越来越担心臭氧层的消耗以及人类活动对环境的影响，研究高层大气的卫星获得了批准。这项研究很快演变成一个多卫星地球观测系统。

在高层大气研究卫星上安装了10种不同的仪器，将大气层作为一个完整的环境系统来研究。每个设备都调到备用状态，用以研究有关高层大气的化学、物理或动力学问题。比如有什么气体，浓度是多少？它们是如何混合和四处运动的？太阳给它们增加了多少能量，输入的常量或变量是多少？中低层大气如何应对高层大气的变化，反之亦然？

高层大气研究卫星是早期了解全球气候变化的重要工具；其测量和数据输入是用来做预测和决策的根据。这颗卫星在轨道上运行了14年，远远超过原计划的3年，直到2005年关闭，并于2011年最终离轨。它的大倾角轨道覆盖了大部分地球表面，并能够看到北极和南极地区，所以适于研究全球气候变化。

在执行任务期间，机组人员还在甲板上进行了各种实验，其中一些实验在航天飞行器上重复进行：蛋白质晶体

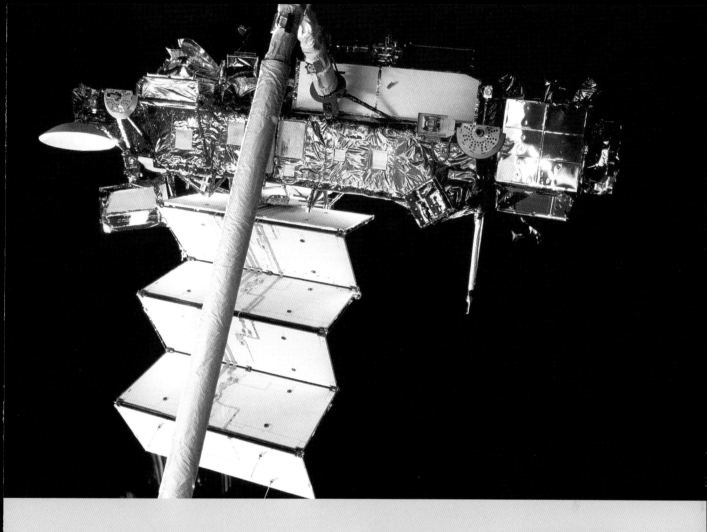

▲
由轨道器的长臂控制，在释放进入轨道以前，上层大气研究卫星
展开了大型太阳能电池板

▶
大倾角轨道上，航天飞机远离赤道，机组可以拍摄更偏远的地
区，例如南极冰架，在这里可以看到沿着边缘磨成的海冰带

生长、聚合物形成及辐射监测等。8只啮齿动物一起出现
在轨道上的实验室中，用来研究失重的影响。工作人员
还首次在太空中测试了数码相机（改良的尼康F4），以探
索电子成像相对于胶片的优势。

　　"发现"号比预计提前9天发射，这种情况很少发生，
并第一次在夜晚降落在佛罗里达州，但由于天气原因被迫
返回加利福尼亚州。在护送"尤利西斯"号进入行星际空
间，并运送"哈勃"太空望远镜观测宇宙中最遥远的地方
之后，这次"发现"号执行了一系列的任务，来了解我们
家园星球的环境。

STS-42: 1992年1月22日至30日

8:1:14
天 小时 分钟

129° | 57°

300 千米

0:0
小时 分钟
0

爱德华兹
空军基地

第45次航天飞机任务

指挥官

• 罗纳德·格拉贝，美国空军，他4次飞行中的第3次

驾驶员

• 斯蒂芬·奥斯瓦尔德，美国海军，他3次飞行中的第1次，2次在"发现"号上

任务专家

• 诺曼·塔加德，医生，他5次航天飞机飞行中的第4次，以及"联盟"号飞行并停留在"和平"号上

• 威廉·里德迪，美国海军，航空航天工程师，他3次飞行中的第1次，2次在"发现"号上

• 大卫·希尔默斯，美国海军陆战队，电气工程师，他4次飞行中的最后一次，2次在"发现"号上

有效载荷专家

• 罗伯塔·邦达尔，加拿大航天局，神经学家，她唯一的1次航天飞行

• 乌尔夫·梅尔博尔德，欧洲航天局，物理学家，他的第2次航天飞行，2次"联盟"号飞行，并停留在"和平"号上

▶ 星团代表着STS-42任务，金色星星代表向原机组人员小曼利·卡特致敬，他在执行任务前几个月在1次航空公司的空难中丧生。轨道器被设计成"机头冲上、机尾对着地球"的姿态，便于进行微重力研究

▶

从左到右：斯蒂芬·奥斯瓦尔德，罗伯塔·邦达尔，诺曼·塔加德，罗纳德·格拉贝，大卫·希尔默斯，乌尔夫·梅尔博尔德和威廉·里德迪

国际微重力实验室

这一年中执行了8次航天飞机任务，"发现"号完成的是第一次和最后一次任务，这一年也是哥伦布探索和发现之旅500周年纪念。到1992年，大部分计划中的卫星部署和国防部任务已经完成，因此这10年的航天飞行任务越来越多地聚焦于科学研究。这一次，"发现"号上安装了太空实验室模块，机组人员两班轮流全天候聚焦在微重力科学工作上。

为了完成这项任务，"发现"号保持了一种"尾部对地球"的姿态，这种姿态可以使它不需要校正推力器点火发射而保持原有位置。微重力研究需要非常稳定、平稳的驾驶和极度安静的环境，稍微一点动静都可能干扰或破坏精细实验。轨道器的驾驶、宇航员的肢体活动，甚至咳嗽和打喷嚏都会引起不必要的震动。

这是第一个指定的国际微重力实验室任务，来自20个国家约200名科学家贡献了他们设计的实验。神经学家罗伯塔·邦达尔成为加拿大第一位飞上太空的女性。德国人乌尔夫·梅尔博尔德踏上了他的第2次太空飞行之旅，作为太空实验室一号机组成员，他于1983年成为第一位乘坐美国航天飞行器的欧洲航天局宇航员和非美国人。总共有大约50个实验研究测试了微重力对植物、动物、人类和材料的影响。此外，有效载荷舱内的10个特殊小型实验罐里进行着自动化实验，其中包括来自中国的第一个航天飞机有效载荷。

环境适当控制的生物架里容纳了许多生命科学实验。

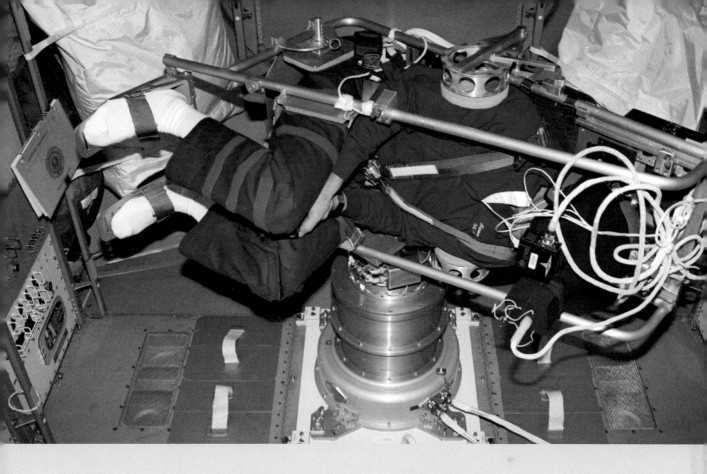

植物研究的重点是种子的萌发和植物细胞及幼苗的生长，寻找生长速率或茎发育的所有变化。燕麦、小麦、扁豆、胡萝卜细胞、黏菌和酵母在微重力条件下生存了1周。基于动物的实验包括虾、果蝇虫卵、线虫，细菌和来自青蛙、小老鼠和人类的细胞培养物。这些实验涉及辐射暴露、细胞生长、遗传和重力感应机制。材料加工研究包括用有机和无机物质进行晶体生长实验，以寻求更大、更均匀的样品。

以机组人员作为测试对象，研究人体对微重力的复杂生理反应或适应性。几个实验中准备1个旋转椅子和其他设备，测量1个人对不同运动模式的反应，包括视觉、感觉和感知的反应。工作人员有史以来第一次将 IMAX® 摄像机带入太空实验室模块，用来记录那里的研究活动，他们的一些镜头出现在 IMAX® 制作的电影《宇宙心》（1993）里面。

完成此项任务后，"发现"号暂停了服务。工作人员对其进行了大规模的维修和升级，以便为下一个任务即发射一艘现代化的太空飞船做准备。

▲
任务专家大卫·希尔默斯在进行旋转椅子实验，将他或前后左右旋转，或背朝上、侧躺，或直立以测试他在失重状态下对运动的感知

▶
加拿大籍宇航员罗伯塔·邦达尔在生物架旁工作，驾驶员斯蒂芬·奥斯瓦尔德更换了1期 IMAX® 电影杂志。在微重力状态下，管理电线、手册以及未锚定的所有东西都是一项挑战

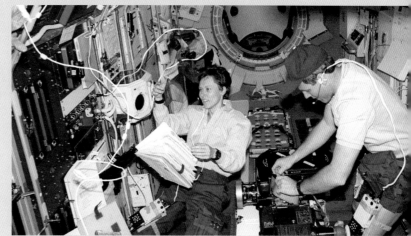

7 : 7 : 19
天　小时　分钟

116° | 57°

378 千米

0 : 0
小时　分钟

0

爱德华兹空军基地

第 15 次"发现"号任务

指挥官
- 大卫·沃克，美国海军，他 4 次飞行中的第 3 次，2 次在"发现"号上

驾驶员
- 罗伯特·卡巴南，美国海军陆战队，他 4 次飞行中的第 2 次，2 次在"发现"号上

任务专家
- 小吉恩·布鲁福德，美国空军，航空航天工程师，他 4 次飞行中的最后一次，2 次在"发现"号上
- 詹姆斯·沃斯，航空航天工程师，他 6 次航天飞行中的第 2 次，2 次在"发现"号上，1 次国际空间站远征
- 迈克尔·克利福德，美国航空工程师，他 3 次飞行中的第 1 次

▶ 五边形中，轨道器在宇航员办公室符号上面上升，叠加在 STS-53 任务的 5 颗星星和 3 条条纹上

▶ *前排（从左到右）：小吉恩·布鲁福德和詹姆斯·沃斯*
后排（从左到右）：大卫·沃克，罗伯特·卡巴南和迈克尔·克利福德

国防部的最后一次航天飞机任务

"发现"号的第 15 次飞行专门服务于国防部的最后一次航天飞行任务，自 1985 年飞行了 9 次任务以来，这次任务为当年这个太空中最繁忙的航天年画上了句号。这次任务搭载的主要有效载荷是秘密级的——被认为是一个侦察或军事通信卫星——另外还有 2 个公开的特殊罐用于有效载荷舱中的小型实验和 9 个中甲板实验。这次任务时间为期一周，机组人员全都是军人。

公开披露的任务部分包括微重力对骨组织、肌肉和血液细胞影响方面的医学研究，以及宇航员舱内辐射水平的测量。在其他任务中进行过的各种技术实验在这次任务中继续飞行以进一步地收集数据。这些包括热管冷却实验、试图释放模拟空间碎片以测试地面上的跟踪系统（后因电池耗尽停滞），以及从不同角度研究云的形成。一架激光探测器首次试飞测试了地面的跟踪系统；机组人员还尝试通过输送失重的液体进行模拟加油实验。其中一些技术实验在设计时考虑了空间站工程。

由于这是 10 个专门的国防部任务中的最后一个，所以机组人员包含有海军、海军陆战队、空军和陆军是合理的，不过这也可能是巧合。从 1980 年到 1985 年，军队挑选和培训了一批载人航天工程师，担任机密飞行任务的有效载荷专家。在所选的 33 名工程师里面，只有 2 名分配到了前 2 次国防部任务中，空军军官加里·佩顿执行了"发现"号 STS-51C 任务，威廉·帕莱斯参加了"亚特兰蒂斯"号的 STS-51J 任务。此后，拥有军事证书的美国国家航空航天局宇航员填补了国防部任务的所有宇航员职位。

任务结束后，美国国家航空航天局局长和负责太空事务的空军助理部长都对国防部任务中实现的长期高效的机构间合作给予了高度评价。之后再没有秘密的航天飞机任务了。

"发现"号1992年12月的发射视图，来自肯尼迪航天中心的车辆装配大楼，这曾是佛罗里达州最高的建筑物

STS-53任务着陆标志着"发现"号首次使用制动伞，于1992年维修期间安装

9:6:8
天　小时　分钟

148° | 57°

296 千米

0:0
小时　分钟
0

肯尼迪
航天中心

指挥官

● 肯尼思·卡梅隆，海军陆战队，他3次飞行中的第2次

驾驶员

● 斯蒂芬·奥斯瓦尔德，美国海军，他3次飞行中的第2次，2次是在"发现"号上

有效载荷专家

● 迈克尔·福阿莱，天体物理学家，他6次飞行中的第2次，3次是在"发现"号上，并停留在"和平"号和国际空间站上
● 肯尼思·科克雷尔，美国海军，航空系统工程师，他5次飞行中的第1次
● 艾伦·奥乔亚，电气工程师，她4次飞行中的第1次，2次是在"发现"号上，远程操纵器系统机械臂操作员

► "对地球的使命"任务的标志是安装在有效载荷舱中的 ATLAS 2 仪器，用于研究太阳和地球的大气层

空间应用大气实验室和航天飞机指向自主研究天文学工具天文台

　　这次太空实验室的任务与其他几次任务相似，是在对地球周围空间环境进行研究。1991年，"发现"号 STS-48 任务机组人员部署了高层大气研究卫星，这是"对地球的使命"飞行系列任务中的第1个。第2年，"亚特兰蒂斯"号在 STS-45 任务中携带1个平台，这个平台上装了1套名为空间应用大气实验室的仪器。"发现"号此次又搭载空间应用大气实验室进行第2轮观测。空间应用大气实验室有效载荷1994年再次在"亚特兰蒂斯"号 STS-66 任务中出现。

　　空间应用大气实验室包括7个遥感仪器，同时以不同的方式测量太阳能输出、大气化学和臭氧的存在。在大气层保护臭氧层消耗的问题上，科学家们试图更好地理解这些因素之间的关系，并试图理解1个因素的变化如何影响其他因素。3次空间应用大气实验室任务的大倾角轨道覆盖了地球的大部分区域，得到了不同地点和不同季节的比较数据。

　　因为空间实验室托盘上只有一个共用空间，将空间应用大气实验室仪器安装在有效载荷舱里，就可以无障碍地进行观察。机组人员在机舱里操作仪器，并操纵轨道器以所需的角度或时间将仪器直接对着太阳或大气。日出和日落为分析地球周边大气发光层中的化学元素提供了绝佳机会。

　　这次任务的轨道器上装备了另一个航天飞机指向自主研究天文学工具科学卫星，用以测量太阳风速度并观察太阳日冕。"航天飞机指向自主研究天文学工具"-201 通过轨道器机械臂从轨道器升空，被回收前自主飞行了2天，

从左到右：肯尼思·科克雷尔，斯蒂芬·奥斯瓦尔德，迈克尔·福阿莱，肯尼思·卡梅隆和艾伦·奥乔亚

自行操作和执行其程序。任务专家艾伦·奥乔亚的职责包括操作机械臂来运行航天飞机指向自主研究天文学工具；作为第一位西班牙裔女宇航员，她在这次飞行中创造了历史。

有效载荷中还有 8 个中甲板实验，其中一个实验带有一个设施，这个设施用来进行 30 多项关于暴露于微重力环境中的材料、细胞和组织样本的研究。机组人员全天候两班制工作，以便内部所有实验和外部所有仪器都能持续运行。在整个任务期间，机组工作人员与地面研究人员保持联系，有助于确保获得最佳实验结果。

空间应用大气实验室 –2 任务以及"对地球的使命"系列中的其他任务使研究人员能够将补充仪器放入附近的太空环境中，以破译那里存在的一些自然影响和相互作用。

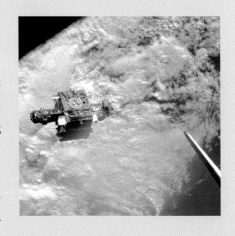

"航天飞机指向自主研究天文学工具"–201 独自飞行了 2 天，开展它独立的观测计划，观测重点是太阳和太阳风

空间应用大气实验室天文台的大部分有效载荷在视图中可见。航天飞机指向自主研究天文学工具此刻正在独自飞行，此视图中不可见，它原本放置在空间应用大气实验室和船尾舱壁中间，该视图中能看到船尾舱壁的旗帜 ▼

322
千米

157° | 28.5°

肯尼迪
航天中心

指挥官
- 小弗兰克·库尔伯特森，美国海军，他4次飞行中的第2次，2次在"发现"号上，国际空间站远征1次

驾驶员
- 威廉·里德迪，美国海军，他3次飞行中的第2次，2次在"发现"号上

任务专家
- 詹姆斯·纽曼，物理学家，他4次飞行中的第1次，1次太空行走
- 丹尼尔·伯施，美国海军，工程师，他5次飞行中的第1次，1次国际空间站远征，远程操纵器系统机械臂操作员
- 卡尔·沃尔兹，美国空军，物理学家，他5次飞行中的第1次，1次国际空间站远征，1次太空行走

▶

5颗大星星代表机组人员，1颗金色星星象征着STS-51任务的数字。金色星星及其射线也代表高级通信技术卫星。德国国旗的颜色和形状代表航天飞机支架卫星，猎户星座指的是奥菲斯—航天飞机支架卫星恒星观测计划

卫星部署、科学研究和太空行走

"发现"号的STS-51任务包括3个：卫星部署、科学研究和舱外活动。这次任务再一次展示了航天飞机的多功能性和机组人员组成的多样性。

但在此之前"发现"号先得起飞。从机组人员7月第一次登机开始，由于技术原因，发射被取消了3次，他们当时甚至连安全带都系好了。其中1次是在主发动机点火后的T-3秒标记处。这是"发现"号第二次在发射台上被中止（参见任务STS-41D），这绝对是一次让大家神经都绷紧了的紧急停止，因为离这个轨道器升空只有极为短暂的时间。另外由于其他原因，美国国家航空航天局将发射日期推迟了5次，有一次是避开8月英仙座流星雨高峰期，以减少轨道器受到流星体破坏的风险。

最后终于到达了预定轨道，机组人员在第1天部署了高级通信技术卫星，连接到固体推进剂上面级助推火箭——唯一一次与航天飞机有效载荷一起使用。高级通信技术卫星是用于新的交换、处理和天线技术的实验测试平台，可提升语音和数据传输的容量。装在弹簧上的卫星从有效载荷舱释放出来发生了比预期更大的"爆炸"。当爆炸性的压紧绳索引爆时，对有效载荷舱后隔离壁的隔热毯造成了轻微的损坏。

第2天丹尼尔·伯施使用机械臂部署了奥菲斯—航天飞机托盘可回收卫星，这是德国和美国ASTRO—航天飞

▶
从左到右：小弗兰克·库尔伯特森，丹尼尔·伯施，卡尔·沃尔兹，威廉·里德迪和詹姆斯·纽曼

机支架卫星联合天文任务中的第一个任务。奥菲斯包含一个1米长的望远镜和探测器，通过调节设备可以探测到远紫外线辐射、星星出生和死亡的鲜明特征。这是航天飞机支架卫星7次自由飞行中的第4次，也是在"发现"号上的第2次任务（见STS-39任务）。6天后，丹尼尔·伯施、小弗兰克·库尔伯特森和威廉·里德迪精心设计了交会和回收演练。

与此同时，机组人员进行了7次中甲板实验，其中一项重点是植物细胞的染色体变化和一些生物医学测试，他们还首次在太空中测试了全球定位系统接收器。当他们使用车载IMAX®摄像机记录任务活动时，航天飞机支架卫星上远程操作的IMAX®摄像机捕获了地球和"发现"号的图像。来自相机的镜头出现在2部IMAX®故事片中，即《宇宙心》和《3D太空站》。

第5天，卡尔·沃尔兹和詹姆斯·纽曼进行了一次太空行走测试，以评估即将在第一次"哈勃"太空望远镜维修任务中使用的工具和程序。除了检查扳手、系绳和便携式脚踏板外，他们还评估了与水下训练相比，在太空中进行某些操作需要多大的力量以及他们的约束装置允许的移动程度。他们没有使用远程操纵器系统，而是继续准备第2天的航天飞机支架卫星回收。

与所有航天飞机任务一样，STS-51任务时间表上几乎没有休息时间。在太空中宇航员们总是努力在有限的时间内尽可能地完成任务。任务越多样化，完成时间挑战也就越大。这个三合一任务满足了大家所有的期待。

▲
由遥控机械臂支撑，带有ORFEUS望远镜套件和IMAX®摄像机的航天飞机支架卫星返回有效载荷舱

STS-60: 1994年2月3日至11日

8:7:9
天 小时 分钟

130° | 57°

359 千米

0:0
小时 分钟

0

肯尼迪 航天中心

第 60 次航天飞机任务

指挥官

- 小查尔斯·博尔登，美国海军陆战队，他 4 次飞行中的最后一次，2 次在"发现"号上

驾驶员

- 小肯尼思·瑞特勒，美国海军，他 2 次飞行中的最后一次，都在"发现"号上

任务专家

- 恩扬·戴维斯，机械工程师，她 3 次飞行中的第 2 次，2 次都在"发现"号上，远程操纵器系统机械臂操作员
- 罗纳德·塞加，美国空军，电气工程师，他 2 次飞行中的第 1 次
- 富兰克林·张-迪亚兹，物理学家，他 7 次飞行中的第 4 次，2 次在"发现"号上
- 谢尔盖·柯尔卡列夫，俄罗斯宇航员，机械工程师，他 3 次飞行中的第 1 次，2 次"和平"号经历，2 次国际空间站远征，远程操纵器系统机械臂操作员

▶ 翅膀代表了美国和俄罗斯自 1975 年"阿波罗—联盟"号任务以来首次在太空飞行中建立的伙伴关系。主要有效载荷——唤醒护盾设施，在轨道器的机械臂上有特殊标识

从左前方顺时针方向：小肯尼思·瑞特勒，富兰克林·张-迪亚兹，罗纳德·塞加，谢尔盖·柯尔卡列夫，恩扬·戴维斯和小查尔斯·博尔登

航天飞机上的第一位俄罗斯宇航员

　　航天飞机任务往往没有按指定的编号顺序飞行，但 STS-60 任务确实是第 60 次飞行任务，也是这一年"七个任务年"中的第 1 次飞行。这是一项过渡性任务，是美国和俄罗斯 11 次合作飞行系列中的第 1 次，也是太空居住舱商业研究模块系列飞行中的第 2 次。这项任务还包括一项大型技术试验——尾流屏蔽设施——在轨道上操纵航天飞机外的远程遥控机械臂。

　　1992 年，美国总统乔治 H.W. 布什和俄罗斯总统叶利钦签署了《美国与俄罗斯联邦在太空领域的合作协议》。根据协议，将有至少 1 名俄罗斯宇航员乘坐美国的航天飞机，1 名美国宇航员在俄罗斯"和平"号空间站度过一段时间，航天飞机将与"和平"号对接 1 次。该协议很快扩展到 10 个授权合作的"航天飞机—'和平'"号任务，以建立未来国际空间站联合运行的经验。任务 STS-60 启动了这项计划，执行过两次"和平"号任务的老兵谢尔盖·柯尔卡列夫成为第一位在美国航天器上发射并参与机组服务的俄罗斯宇航员。

　　作为任务专家，柯尔卡列夫积极参与飞行中的科学活动，并与有效载荷指挥官恩扬·戴维斯一起担任机械臂操作员。戴维斯主要负责操纵尾流屏蔽设施，这是 1 个直径为 12 英尺（3.7 米）的弯曲不锈钢圆盘，并附有试验。当尾流屏蔽设施被放置在延伸着的远程操纵臂上、航天飞机旁边时，或作为自由飞行器释放时，护罩将杂散的原子推到一边并在其自身的尾流中产生超真空——可能使圆盘的背面成为真空敏感生产过程的理想场所。这次由于技术

原因，尾流屏蔽设施一直放在远程操纵臂上，在后来的"奋进"号和"哥伦比亚"号任务中，它被释放了2次。这些飞行成功地生产出了高质量的晶体半导体薄膜样品。

太空居住舱是一个可居住的商业模块，类似于欧洲航天局为美国国家航空航天局生产的太空实验室模块，它安装在气闸舱后面的有效载荷舱内，使机组人员可以轻松地从中甲板来回穿梭。太空居住舱扩大了8个"航天飞机—'和平'"号任务和5个国际空间站任务的实验和补给空间。这一次，太空居住舱进行了各种各样面向宇航员的生命科学和材料科学实验，如小型离心机、血液和尿液样品冷冻机，用于加工材料的紧凑型炉和晶体生长装置。其他实验占据了有效载荷舱中的特殊小型罐。

在STS-60任务完成一年之后，"航天飞机—'和平'"号第一次对接成功了——也是在"发现"号上——随后成功地对接了9次。其他俄罗斯宇航员也成为航天飞机机组成员。截至1998年，7名美国宇航员在"和平"号上生活过。当代美国和俄罗斯在太空领域的合作始于这一次的"发现"号任务。

▲
作为STS-60任务机组成员，宇航员谢尔盖·柯尔卡列夫是第一位乘坐美国航天飞机的俄罗斯人，也是1994—1998年一系列美俄联合任务中的首次任务参与者。在这里，他正准备使用摄像机在后面的飞行甲板上通过业余无线电设备与学生交谈

◄
当大圆盘像边缘板一样穿过太空时，尾流屏蔽设施的前部或撞击侧产生1个超纯真空。轨道器的机械臂抓住了前端的1个夹具，对屏蔽设施进行定位

STS-64:

10:22:49
天 小时 分钟

176° | 57°

261 千米

6:51
小时 分钟

1

爱德华兹
空军基地

指挥官
- 理查德·理查兹，美国海军，他4次飞行中的最后一次，2次在"发现"号上

驾驶员
- 布莱恩·哈蒙德，美国空军，他2次飞行中的最后一次，2次都在"发现"号上

任务专家
- 杰瑞·林格尔，美国海军，医学家，他3次飞行任务中的第1次，并在"和平"号上停留
- 苏珊·赫尔姆斯，美国空军，工程师，她6次飞行任务中的第1次，3次在"发现"号上，国际空间站远征1次，远程操纵器系统机械臂操作员
- 卡尔·米德，美国空军，电子工程师，他3次飞行任务中的最后一次，1次太空行走
- 马克·李，美国空军，机械工程师，他4次飞行中的第3次，2次在"发现"号上，1次太空行走

▶
宇航员军团符号——3条射线穿过圆圈的恒星——也代表了3波长激光实验。2名太空行走宇航员背着新为舱外活动救援提供简化援助的喷气背包。轨道器的机械臂握着航天飞机指向自主研究天文学工具卫星。金色（美国海军）和银色（美国空军）的星星明确每个机组成员的军种

▶

前排（从左到右）：布莱恩·哈蒙德，理查德·理查兹和苏珊·赫尔姆斯
后排（从左到右）：马克·李，杰瑞·林格尔和卡尔·米德

尝试新事物

"发现"号在1994年的第2次任务中通过测试新技术实现了多个第1次。同时也搭载了一些熟悉的有效载荷。STS-64任务融合了未来的新颖性和过去的连贯性。

执行另一个"对地球的使命"任务时，"发现"号搭载了一个新的主要有效载荷：激光雷达（光探测和测距），这是第一个用于大气研究的激光系统。光探测和测距是一种可以发射激光脉冲的雷达，与之前发射无线电波的雷达不同，它们的反射揭示了云和风暴系统的结构以及大气中灰尘、烟雾和污染物的存在。

机组人员从后驾驶舱控制站操作安装在有效载荷舱中的大型设备，并根据需要重新定位轨道器，以便从不同的角度检测测试大气。激光雷达空间技术实验测试程序运行非常成功，生成了全球各地的大气数据，可与多国通过地面和飞机收集的数据进行对比。

来自太空行走团队的马克·李和卡尔·米德抵达了另一个里程碑：10年来第一次不受限制的太空行走（也是航天飞机计划中的最后一次）。他们测试了一种新的推进式背包，该背包为舱外活动救援提供简化帮助，可在紧急情况下进行自救。这款背包比1984年使用的载人机动单元要小得多，系在宇航服生命支持系统背包的下面，就像1个腰包。如果一旦从航天飞机或空间站抛锚，宇航员可以使用操纵杆控制器安全返回。

出舱进行太空行走的宇航员在后来的航天飞机时代里

马克·李用右手操作控制器测试新的为舱外活动救援提供简化援助的背包自救装置（他背上的下方箱），不再通过安全系绳连接到轨道器

一直背着这个救援背包，在国际空间站的太空行走任务中也是如此，但是截至2014年，没有紧急情况发生来使用该背包。李和米德还测试了一些太空行走工具，以及一个替代纸质清单的电子清单，可固定在太空行走宇航服的袖子上。

2名STS-64任务机组人员首次穿着完全加压的高级船员逃生系统压力服套装，逐渐取代了"发现"号STS-26任务中使用的分压式发射服套装。颜色与它的前身"南瓜套装"是一样的橙色，高级船员逃生系统压力服有手套和带锁扣金属环的头盔，使其成为完全密封的防护服，适用于最危险的飞行阶段。

在有效载荷舱中，一台名为机器人操作材料处理系统的设备首次亮相，这是美国机器人系统首次在航天飞机上飞行，它是一种处理半导体材料的装置。另一项名为撞击SPIFEX的新实验在与轨道器机械臂连接的延伸部分安装了一个传感器，用于研究飞行器推进器点火的排气效应，这是在"哈勃"太空望远镜或空间站附近操作面临的关键问题。自由飞行器"航天飞机指向自主研究天文学工具"-201在它的第2次飞行任务中被部署了2天，以观察太阳风和日冕。一些重复实验在中甲板上进行，包括研究火焰如何在微重力中（它的第7次太空飞行）传播，以及植物生物学研究（它的第2次太空飞行）。

STS-64任务机组人员在太空中享受了2个额外的奖励日，一天用来完成更多的科学研究，另一天是因为天气原因停留。这次任务融合了原先熟悉的技术和新技术，还测试了遥感技术，为空间站的建立铺平了道路。

飞行舱下降朝向地球，高度比平时低。"发现"号工作人员在有效载荷舱内安装了空间激光技术实验设备来研究大气层

STS-63: 1995年2月3日至11日

8:6:28
天 小时 分钟

129° | 51.6°

396 千米

4:38
小时 分钟
1

肯尼迪 航天中心

第20次"发现"号任务

指挥官

- 詹姆斯·韦瑟比,美国海军,他6次飞行中的第3次,2次在"发现"号上

驾驶员

- 艾琳·柯林斯,美国空军,她4次飞行中的第1次,2次在"发现"号上

有效载荷专家

- 小伯纳德·哈里斯,医学博士,他2次飞行的最后一次,1次太空行走
- 迈克尔·福阿莱,天体物理学家,6次飞行中的第3次,3次在"发现"号上,加上2次"联盟"号飞行,在"和平"号上停留,1次国际空间站远征,1次太空行走
- 贾尼斯·沃斯,工程师,她5次飞行中的第2次,远程操纵器系统机械臂操作员
- 弗拉基米尔·蒂托夫,俄罗斯宇航员,他2次飞行中的第1次;此外,还有3次"联盟"号飞行,一次停留在"和平"号上,远程操纵器系统机械臂操作员

▶

图中太阳的6条光线和旁边的3颗星星代表了STS-63任务,这次任务中美国航天飞机与俄罗斯空间站"和平"号进行了第一次交会。打开的有效载荷舱中展示的是平顶的太空居住舱和三角形的航天飞机指向自主研究天文学工具

多个第一

1995年的第1次航天飞机发射是"发现"号的第20次太空飞行,也是美国对俄罗斯"和平"号空间站的第1次任务。它和另一个历史事件都上了新闻头条:艾琳·柯林斯成为第1位驾驶美国航天飞机的女性。另一个第一在任务即将结束时出现,小伯纳德·哈里斯成为第1个进行太空行走的非裔美国人。历史上第2次,航天飞机机组人员包含了一名俄罗斯宇航员——弗拉基米尔·蒂托夫,他已经在"和平"号上度过了一年。这些都注定了这次任务要被载入史册。

为了配合"和平"号的轨道,航天飞机轨道倾角首次为51.6°,发射窗口只有短短的5分钟。在太空的第3天,詹姆斯·韦瑟比和柯林斯给推进器点火,准备将"发现"号带到"和平"号的附近。然而,在太空中进行精细机动的44个推进器中有3个没有正常运转,这使对接处于危险之中。经过分析后,俄罗斯和美国的任务管理人员制定了一个不寻常的推进器策略,一致同意终止交会。

韦瑟比指挥让"发现"号在距离"和平"号11米的范围内飞行,蒂托夫与"和平"号宇航员通过"船到船"收音机谈话。在那里停留了15分钟后,"发现"号退到122米的距离,接下来的1小时在"和平"号空间站周围飞了1圈半。这次机动演示了在接下来的9次"航天飞机—'和平'"号对接系列任务中将使用的技术。

虽然与"和平"号对接是这次任务的主要目标,但STS-63任务还携带了2个有效载荷——第3次飞入太空的太空居住舱和第1次开启太空飞行的"航天飞机指向自主研究天文

▶

前排(从左到右):贾尼斯·沃斯,艾琳·柯林斯,詹姆斯·韦瑟比和弗拉基米尔·蒂托夫
后排(从左到右):小伯纳德·哈里斯和迈克尔·福阿莱

学工具"-204。太空居住舱实验室模块在生物技术和材料科学方面进行了20次实验。"航天飞机指向自主研究天文学工具"-204有2个目的。在轨道器的末端操作时，它观察推进器点火情况和沿轨道器表面出现的辉光。作为1个自由的飞行器飞行了2天，"航天飞机指向自主研究天文学工具"-204观察到来自星际介质的远紫外线辐射，即星际间看似空洞的空间。

有效载荷还包括一些常见的设备：IMAX®相机、燃烧实验设施、太空植物生长设施和轨道碎片跟踪实验设施。工作人员还试用了1个名叫夏洛特的机器人来执行简单的任务，例如操作开关和移动实验样本等。

太空行走发生在任务的第7天，迈克尔·福阿莱和小伯纳德·哈里斯到外面测试太空行走套装的改进情况，目的是让宇航员在黑暗中或在没有有效载荷舱的辐射热量下工作时依然保持温暖。他们还打算用1134千克的"航天飞机指向自主研究天文学工具"来进行大规模处理，但他们报告说渐渐感到非常寒冷。这次行走任务提前结束，但这次太空行走依然是值得铭记的，因为这是非裔美国人第一次太空行走。

艾琳·柯林斯于1997年驾驶"亚特兰蒂斯"号与"和平"号对接，于1999年指挥"哥伦比亚"号的1次飞行任务，于2005年指挥"发现"号的重返飞行任务。她是第一位被选为航天飞机驾驶员的美国女性，也是第一位驾驶轨道器、指挥飞行任务的女性。当空军航空指挥任务和试飞学校向女性开放时，只要有女性达到要求，就有资格成为太空驾驶员，艾琳·柯林斯就是那时进入航天队伍的。在她之后，只有2名女驾驶员在航天飞机上服役过，其中1名也指挥过"发现"号。

由于"发现"号这次没有与俄罗斯空间站对接，一些人称STS-63任务为"靠近'和平'号"任务。然而，2名航天飞行器指挥官都很清楚这次近距离接触的意义。在对接期间，韦瑟比评论说"我们正在把我们两个国家拉得更近"和"我们将带领我们的世界进入下一个千年"，亚历山大·维克托连科回答说："我们是一体的。"直到1998年，"发现"号才再次访问了"和平"号，那时它在最后的对接任务中又重新创造了历史。

▲
俄罗斯宇航员弗拉基米尔·蒂托夫在太空居住舱模块内部进行生物技术实验

◀
俄罗斯宇航员瓦列里·波利亚科夫在交会期间从"和平"号的窗口看"发现"号

▲
小伯纳德·哈里斯和迈克尔·福阿莱（红色条纹）在由贾尼斯·沃斯操作的遥控机械臂上移动

▶
驾驶员座位上的第一位女性——艾琳·柯林斯创造了历史

◀
近距离接触让"发现"号机组人员有机会以各种角度和距离拍摄"和平"号空间站，其常被称为组装得像一只蜻蜓

STS-70: 1995年7月13日至22日

8:22:20
天　小时　分钟

143° | 28.5°

307 千米

0:0
小时　分钟

0

肯尼迪
航天中心

第 70 次航天飞机任务

指挥官

● 特伦斯·亨利克斯，美国空军，他 4 次飞行中的第 3 次

驾驶员

● 凯文·克雷格尔，美国空军，他 4 次飞行中的第 1 次

任务专家

● 唐纳德·托马斯，材料科学家，他 4 次飞行中的第 2 次

● 南希·库里，工业工程师，她 4 次飞行中的第 2 次

● 玛丽·埃伦·韦伯，物理化学家，她 2 次飞行中的第 1 次

▶ 形状像俄亥俄州立大学的大写字母 O，以代表这次的飞行人员全部来自俄亥俄州。这个设计中的星星代表了"发现"号部署的 3 颗 TDRS 卫星

"发现"号的第一个任期结束

由于有一只啄木鸟在轨道器上筑巢，使这次任务成为唯一一次因为野生动物而延迟的飞行。这也是唯一一次机组人员全部来自俄亥俄州的飞行任务。而这次任务真正的重要性在于部署了美国国家航空航天局的第 6 颗跟踪和数据中继卫星，也是"发现"号早期配置的最后 1 项任务。

在距离计划发射日期不到 2 周时，美国国家航空航天局发现覆盖外部油箱的泡沫绝缘材料受损。经仔细检查发现，大约有 200 个洞，尺寸从微小到大约 4 英寸（10 厘米）不等。原来，有 1 只雄性北扑翅鴷（俗称大啄木鸟）想在"发现"号机身上为 1 只雌性啄木鸟建造 1 个有吸引力的巢穴，花费了大量心血钻了这些洞。这些损伤在发射台修理是不切实际的，因此"发现"号被移回飞行器装配大楼。因此，与"和平"号对接的 STS-71 任务在 STS-70 任务之前执行了，成为美国载人太空飞行史上的第 100 次任务。在"亚特兰蒂斯"号返回 6 天后，"发现"号启程了，这是最短的任务间隔。

巧合的是，分配到这次机组的 5 名宇航员中有 4 名出生在俄亥俄州。在指挥官的提议下，州长宣布凯文·克雷格尔为该州的荣誉市民。工作人员将这次"全员俄亥俄州任务"，加上从莱特兄弟到后来的 20 多名俄亥俄州宇航员（第一位是约翰·格伦），统称为俄亥俄州对航空航天事业的伟大贡献。

STS-70 任务机组人员在发射后 6 小时就完成了他们的主要目标，部署了第 6 颗跟踪与数据中继卫星，组成了

▶ 从左到右：凯文·克雷格尔，南希·库里，特伦斯·亨利克斯，玛丽·埃伦·韦伯和唐纳德·托马斯

▲
之前意外回撤进行维修和第 2 次进入发射塔导致 STS-70 任务发射延迟了 5 周，使"发现"号错过了美国载人太空飞行的第 100 次任务

外部水箱上的斑点是修补过的啄木鸟洞。橙色狩猎者的眼睛气球挂在附近，以阻止鸟儿返回
▼

最初的跟踪与数据中继卫星星座。这是航天飞机送往太空的最后 1 颗跟踪与数据中继卫星；阿特拉斯火箭发射的后续版本的跟踪与数据中继卫星仍然用于与航天飞行器持续通信。

接下来的 8 天机组人员都在轨道上进行研究，再次使用轨道器中甲板作为微重力生命科学和材料加工实验的实验室。用于研究的生物反应器在将癌细胞培育到组织培养皿中的表现十分良好，此外植物细胞分裂、动物解剖学和生理学以及蛋白质晶体生长的研究也进行得非常顺利。机组人员还根据空间视力变化的报告测试了他们的视力。

在机尾驾驶舱上，机组人员使用了一种名为"手持式—面向地球—实时—合作—用户友好—位置定位和环境系统"的新设备，这是一种配有惯性导航系统的摄像机，因此可以记录图像上的纬度和经度数据。通过恒星目测来正确地对准很困难，但是宇航员与地面上的摄像师团队协作，最后成功完成任务。他们通过舱窗进行了一系列观察——简称为"窗口实验"——监测了大气气辉、飞行器辉光以及推进器发射的效果。

美国国家航空航天局在任务控制中心为大多数轨道作业开设了新的飞行控制室，并且在这次"发现"号任务中首次使用改进设计的航天飞机主发动机。随着航天飞机计划的不断推进，"发现"号在加利福尼亚州帕姆代尔的装配厂进行了为期 9 个月的维修升级。它在前 10 年完成了 21 次飞行任务（1986—1987 年没有飞行任务），"发现"号将于 1997 年返回飞行，配备了 1 个新的气闸和 1 个对接适配器，为执行未来的空间站任务做准备。

STS-82

620 千米

150° | 28.5°

肯尼迪 航天中心

5

指挥官
- 肯尼思·鲍奥克斯，美国海军，他5次飞行中的第4次，1次国际空间站远征

驾驶员
- 斯科特·霍洛维茨，美国空军，他4次飞行中的第2次，2次在"发现"号上

任务专家
- 约瑟夫·坦纳，美国海军，机械工程师，4次飞行中的第2次，2次太空行走
- 史蒂文·霍利，天文学家/天体物理学家，他5次飞行中的第4次，3次在"发现"号上，远程操纵器系统机械臂操作员
- 格雷戈里·哈博，工程师，他4次飞行中的最后一次，2次在"发现"号上，2次太空行走
- 马克·李，美国空军，机械工程师，4次飞行中的最后一次，2次在"发现"号上，3次太空行走
- 史蒂文·史密斯，电气工程师，4次飞行中的第2次，2次在"发现"号上，3次太空行走

▶ 该设计描绘了从靠近的航天飞机上观察面向深空的"哈勃"太空望远镜。太空行走人员名字分布在螺旋星系之上

"哈勃"太空望远镜维修任务

　　"发现"号于1990年部署了"哈勃"太空望远镜，并承担了望远镜5次维修任务中的第2次和第3次任务。这两组航天飞机乘员共同安装了两个新的科学仪器，并更换和增加了20个望远镜系统组件，以更新太空天文台并使其恢复到崭新的工作状态。

　　1997年这次任务的目标是交换两项科学仪器，替换在太空作业7年已老化的10个部件。在发射后的3天内，机组人员接近望远镜，当初部署它的史蒂文·霍利利用轨道器的机械臂抓住"哈勃"太空望远镜并小心翼翼地将其带到飞行器上进行维修。随后两个太空行走团队在外面进行了5天紧张的工作。马克·李和史蒂文·史密斯与格雷戈里·哈博和约瑟夫·坦纳交替进行太空行走，霍利为两队太空行走团队操纵机械臂。大多数设备是专门为太空服务设计的，所以可在有效载荷舱望远镜周围的大小门后面轻松取到。

▲ 前排（从左到右）：肯尼思·鲍奥克斯，史蒂文·霍利和斯科特·霍洛维茨
后排（从左到右）：约瑟夫·坦纳，格雷戈里·哈博，马克·李和史蒂文·史密斯

▶ 在轨道器机械臂的帮助下，史蒂文·史密斯将其中一个大型科学仪器移动到望远镜内部和有效载荷舱内存储装置两者之间

在 STS-82 任务中，李和史密斯首先拆除了两个电话亭大小的光谱仪并安装了两个新的科学仪器，其波长范围更长并能够制作红外图像，拓展了"哈勃"太空望远镜研究宇宙的能力。第 2 次和第 3 次太空行走处理了几个实际问题，首先是坦纳和哈博，其次是李和史密斯，更换了望远镜指向系统中的组件和数据记录器。最后两天太空行走的重点是更换太阳能电池阵列电子设备，并在外部增加了另一层隔热层，之前的银色隔热毯因长时间因暴露在恶劣的空间环境中已经受到磨损。

STS-103

7:23:10
天 小时 分钟

119° | 28.5°

611 千米

3

24:25
小时 分钟

肯尼迪航天中心

指挥官

- 小柯蒂斯·布朗，美国空军，他6次飞行中的最后一次，3次在"发现"号上

驾驶员

- 斯科特·凯利，美国海军，他2次航天飞行中的第1次，1次国际空间站远征

任务专家

- 史蒂文·史密斯，电气工程师，他4次飞行中的第3次，2次在"发现"号上，2次太空行走
- 让－弗朗索瓦·克莱沃伊，欧洲航天局，工程师，他3次飞行中的最后一次，远程操纵器系统机械臂操作员
- 约翰·格伦斯菲尔德，物理学家，他5次飞行中的第3次，2次太空行走
- 迈克尔·福阿莱，天体物理学家，他6次飞行中的最后一次，3次在"发现"号上，"和平"号停留1次，1次国际空间站远征，1次太空行走
- 克劳德·尼科利尔，欧洲航天局，天体物理学家，他4次飞行中的最后一次，1次太空行走

望远镜的太阳能阵列被太阳照射，同时望远镜位于两条相交的线上，这代表精确的姿态控制，并且可以通过这项维修任务进行修复

▲

欧洲航天局的宇航员克劳德·尼科利尔在使用一种电动工具；宇航员们有超过150种可用于这些维修任务的工具

由于望远镜指向和姿态控制所需的6个速度传感器陀螺仪单元中的3个发生了故障，1999年的维修任务比原计划提前了2年。"哈勃"由此进入闲置的"安全模式"，在修复之前不会用于观察。STS-103任务机组人员更换了陀螺仪单元、另一个精细制导传感器和数据磁带录音机，以及数据发送器。他们还安装了高级主计算机并进行了一些升级。史蒂文·史密斯和约翰·格伦斯菲尔德参加了第1次和第3次太空行走，迈克尔·福阿莱和克劳德·尼科利尔参加了第2次太空行走，3次行走持续时间超过8小时，是航天飞机历史上最长的太空行走之一。克莱沃伊操作轨道器的机械臂，用于回收望远镜、太空行走和向太空释放载荷。

随着STS-82任务的推进，指挥官鲍尔和驾驶员哈博先后连续将"发现"号飞到更高的海拔高度，将"哈勃"

▶

从左到右：迈克尔·福阿莱，克劳德·尼科利尔，斯科特·凯利，小柯蒂斯·布朗，让－弗朗索瓦·克莱沃伊，约翰·格伦斯菲尔德和史蒂文·史密斯

望远镜最后助推到了历史上航天飞机最高的轨道上。这将"发现"号在STS-31"哈勃"望远镜部署任务中创造的纪录降到了第二位。STS-103任务指挥官布朗和驾驶员凯利在望远镜没有助推的情况下达到了航天飞机第三高的轨道。没有其他轨道器超过"发现"号的这些记录。

为了使"哈勃"太空望远镜的使用寿命延长1倍，2002年和2009年又增加了2次维修任务。除了维修，它们还拓展了宇航员太空行走执行复杂任务的能力，展示人类在太空中身体灵活性的价值，维修"哈勃"的任务是所有航天飞机任务中最复杂和最重要的任务之一。在对望远镜进行维护时，宇航员证明了组装和维修更大、更复杂结构——空间站的可行性。

在STS-103任务之后，"发现"号的每次任务都是前往国际空间站。

▲
格雷戈里·哈博站在与轨道器机械臂相连的脚踏板上，操作1个小型钢琴大小的精细制导传感器。望远镜的底座隐藏在他身后

◀
史蒂文·史密斯和约翰·格伦斯菲尔德在四层望远镜旁边看起来很小。他们打开了下舱门，以更换失效的陀螺仪单元

296
千米

189° | 57°

0

肯尼迪
航天中心

指挥官

• 小柯蒂斯·布朗，美国空军，他6次飞行中的第4次，3次在"发现"号上

驾驶员

• 肯特·罗明格，美国海军，他5次飞行中的第3次，2次在"发现"号上

任务专家

• 扬·戴维斯，机械工程师，她3次飞行中的最后一次，2次在"发现"号上，远程操纵器系统机械臂运营商
• 小罗伯特·库姆林，美国海军，航空航天工程师，3次飞行中的第1次，2次在"发现"号上
• 斯蒂芬·罗宾逊，机械工程师，4次飞行中的第1次，3次在"发现"号上

有效载荷专家

• 比耶尼·特里格瓦森，加拿大航天局，工程师，他唯一的1次太空飞行

另一次"对地球的使命"

在1997年和1999年的"哈勃"太空望远镜维修任务之间，"发现"号飞了4次完全不同的任务。4次中的第1次任务是"发现"号迄今为止最长的一次飞行——差不多12天——在另一次"对地球的使命"任务中，使用了航天飞机支架科学卫星来研究大气层。

低温红外光谱仪和大气望远镜指的是第2次太空旅行时的1套红外传感器。与其他航天飞机支架卫星的有效载荷一样，这是德国航天局和美国国家航空航天局的合作项目。与类似的大气研究任务一样，"发现"号以大倾角轨道飞行以覆盖地球更多的区域。这颗卫星在自由飞行状态下花了8天时间收集关于臭氧及其他气体的位置和动态的数据，这些数据与仪表气球、火箭及航天飞机上的设备收集到的一致。

机组人员还利用轨道器的机械臂操纵航天飞机支架卫星，为第一次国际空间站组装飞行计划测试程序。在一次太空行走练习中，他们练习操作一个小型操纵臂，其将安装在空间站的日本部分。空间站装配技术的试验在20世纪80年代的航天飞机任务中就开始了，但现在这些试验更加紧迫：第一个空间站模块将在大约一年内启动。20世纪90年代航天飞机任务的飞行计划通常包括空间站组装任务的演练。

"发现"号有效载荷舱中进行了各种实验，其中一些

► 该设计体现了此次任务日程中的有效载荷和研究主题

前排（从左到右）：肯特·罗明格和小柯蒂斯·布朗
后排（从左到右）：小罗伯特·库姆林，斯蒂芬·罗宾逊，
扬·戴维斯和比耶尼·特里格瓦森

在两个有效载荷中进行。这些是可重复使用的支持结构，为小型有效载荷提供电力、控制和数据传输服务。为了补充低温红外光谱仪和大气望远镜的研究，一个有效载荷将仪器调到合适的状态，以记录来自太阳和天体的极端紫外线辐射。另一个有效载荷装有太阳能和航空电子设备组合的仪器，在美国国家航空航天局"更快、更好、更经济"的指示下进行测试，以简化太空飞行。

与此同时，几个中甲板实验再次在太空中进行，包括用于培养癌细胞的生物反应器和蛋白质晶体生长设施。重新飞行实验使科学家和机组人员能够改进研究设备和技术，以便在空间站进行长期研究。与往常一样，机组人员有足够的摄像头和摄影会话相机和拍照时间来从视觉上科学地捕捉地球那的壮观景象。

专注于科学研究的航天飞行任务仍然是对轨道器内外空间硬件和程序进行工程评估的良好机会。"发现"号在 2000 年之前的最后一次任务为国际空间站的建立做好准备。

▲
工作人员透过窗户拍摄照片，监视了超级台风"温妮"，"温妮"覆盖了从日本到新几内亚的太平洋的大部分区域。"发现"号至少有 1 次直接通过风暴怪物的中心

◀
在日出和日落时，大气层的层次变得明显，就像纯粹的彩色条带一样。自由飞行的低温红外光谱仪和大气望远镜—航天飞机支架卫星经常指出在哪里测量臭氧和其他化学物品

9 : 19 : 54
天　小时　分钟

154° | 51.6°

378 千米

0 : 0
小时　分钟
0

肯尼迪
航天中心

指挥官
- 查尔斯·普雷科特，美国空军，他 4 次飞行中的最后一次

驾驶员
- 多米尼克·普德威尔·戈里，美国海军，他 4 次飞行中的第 1 次

任务专家
- 富兰克林·张－迪亚兹，物理学家，他 7 次飞行中的第 6 次，2 次在"发现"号上
- 温迪·劳伦斯，美国海军，工程师，她 4 次飞行中的第 3 次，2 次在"发现"号上
- 珍妮特·卡万迪，化学家，她 3 次飞行中的第 1 次
- 瓦莱里·鲁米恩，俄罗斯航天局，工程师，他唯一的 1 次太空飞行
- 安德鲁·托马斯，机械工程师，5 次飞行中的第 2 次，3 次在"发现"号上，并停留在"和平"号上

▶
最后一次"航天飞机—'和平'"号任务的设计描绘了 2 艘航天器、2 国国旗和地球上的这 2 个国家。西里尔文中的名字是宇航员鲁米恩的名字

从左到右：拿着头盔的多米尼克·普德威尔·戈里和查尔斯·普雷科特，他们被温迪·劳伦斯，富兰克林·张－迪亚兹，珍妮特·卡万迪，瓦莱里·鲁米恩和安德鲁·托马斯包围着 ▶

与"和平"号的最后一次任务

"发现"号于 1998 年连续飞行了 2 次任务，均创造了历史。这是共计 9 次对接任务中的最后一次任务，也是"航天飞机—'和平'"号计划的最后一次任务，但这是"发现"号与"和平"号唯一的一次对接。1995 年"发现"号对"和平"号空间站进行了首次访问（STS-63 任务），开启了"航天飞机—'和平'"号计划，而本次任务是最后一次对"和平"号的任务，这 2 次任务就像是一对书挡，分别位于这一系列任务的开端和结尾。

最后一次前往"和平"号的航天飞机有多重任务。首先是将宇航员安德鲁·托马斯接回地球，他在"和平"号飞行任务中度过了 130 天，是最后一位执行"和平"号任务的美国人。航天飞机机组人员还从"和平"号回收了美国的实验设备，将进行了数月研究的材料科学和生命科学的研究设备和实验样品带回地球。

"发现"号还为"和平"号带来了约 2722 千克的水、食物和日常用品，为其工作人员提供了充足的衣物、电池、设备、新实验和个人护理包等。4 天停靠作业期间，机组人员的主要活动是在 2 艘航天器之间转移数吨的行李。

太空居住舱模块在"航天飞机—'和平'"号任务中第 6 次作为大多数可转移物流物资的货物集装箱，同时它也是进行针对宇航员实验的空间。其他任务科学活动侧重于中甲板实验和安装在太空居住舱后面的独立仪器——"阿尔法"磁谱仪。这是几年后在国际空间站上安装的原型机，由诺贝尔高能粒子物理学奖得主开发，通过亚原子

粒子而不是光波长来探测宇宙。

　　随着"航天飞机—'和平'"号任务的结束，美国和俄罗斯的航天机构已准备好进行下一阶段的合作：国际空间站的建设和运营。这两个合作伙伴学会了分享专业知识并共担责任。机组人员在自己各自国家都接受了良好的训练，能够很好地融入联合任务。俄罗斯获得了一架巨大的货运航天飞机，而美国国家航空航天局进入了一个已建立的空间站。7名美国宇航员在此累计度过了907天（2.5年），这比在航天飞机上待的时间长得多。而且相比于一到两周的航天飞机飞行（对于微重力研究来说，这个时间比理想的实验时间要短），借助空间站可以在轨道上运行数月，获益良多。

　　在国际空间站任务的技术准备中，2台新设备首次亮相STS-91任务。"发现"号采用超轻型外置油箱——比以前的油箱更轻——重量减轻了7500磅（3402千克），并且更耐用；减轻的重量可以增加有效载荷的重量。"发现"号还首次使用了实际的国际空间站对接机制，而不是其他任务中使用的"航天飞机—'和平'"号对接原型。

　　"航天飞机—'和平'"号任务揭示了国际航天事业的益处和困难。虽然通往国际空间站的道路沿途有一些障碍，但这几年的合作经验使其变得平坦。在美国和苏联冷战时他们是劲敌，而随着时间成长的美国宇航员和俄罗斯宇航员塑造了一种新的太空飞行模式：合作——而不是竞争。

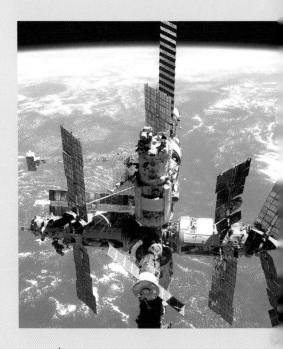

▲
来自航天飞机的"和平"号特写照片，照片展示了它在不同方向上各个模块如何逐渐展开，还透露了其状况的细节，例如中心右侧受损的太阳能阵列

◄
从"和平"号的视角展示了"发现"号有效载荷舱的布局，从气闸和对接适配器（向前）到宇航员隧道和太空居住舱模块（中间舱）以及单独的方形粒子探测器（机尾）

最后一次联合"航天飞机—'和平'"号任务的机组人员在"和平"号空间站合影。穿着蓝色服装的是"和平"号宇航员塔尔加特·穆萨巴耶夫（中）和尼古拉·布达林。在穿上红色航天飞机工作服之前，安德鲁·托马斯（穆萨巴耶夫之后）在"和平"号空间站度过了130天，从发射到着陆，他连续141天在太空中

▼

STS-95: 1998年10月29日至11月7日

8:21:44
天　小时　分钟

134° | 28.5°

561 千米

0:0
小时　分钟

0

肯尼迪航天中心

第25次"发现"号任务

指挥官
- 小柯蒂斯·布朗，美国空军，他6次飞行中的第5次，3次在"发现"号上

驾驶员
- 史蒂夫·林赛，美国空军，他5次飞行中的第2次，3次在"发现"号上

任务专家
- 斯蒂芬·罗宾逊，机械工程师，他4次飞行中的第2次，3次在"发现"号上
- 斯科特·帕拉津斯基，医生，他5次飞行中的第3次，2次在"发现"号上
- 彼得·杜克，欧洲航天局，航空工程师，他唯一的1次太空飞行

有效载荷专家
- 基亚基·穆凯，日本宇宙航空航天研究开发机构，医生，她的第2次和最后一次飞行
- 小约翰·格伦，美国海军陆战队，驾驶员和政治家，他的第2次太空飞行；第1次飞行于1962年的"水星"任务

▶

风格如约翰·格伦的"友谊"7号太空舱上的数字7，7代表原来的7位"水星"宇航员和"发现"号的7名机组人员。1个微小的"水星"舱围绕着航天飞机运行，其多彩的排气羽毛象征着这次任务中的3个科学研究领域

▶

前排（从左到右）：史蒂夫·林赛和小柯蒂斯·布朗
后排（从左到右）：斯科特·帕拉津斯基，斯蒂芬·罗宾逊，基亚基·穆凯，彼得·杜克和小约翰·格伦

英雄重回太空

"发现"号的第25次飞行登上了更多的新闻头条，并不是因为它到达了某个里程碑。相反，有一位非常特别的宇航员吸引了媒体和公众的注意力：一位77岁的美国参议员，他曾是第一个飞上太空的美国人。在1962年乘坐"水星"号飞行后的第37年，美国国家英雄小约翰·格伦乘坐航天飞机返回太空，他是唯一一个乘坐过航天飞机的老宇航员。

STS-95任务是一次科学任务，"发现"号在中甲板、太空居住舱模块和有效载荷舱内进行了80项实验。实验集中在3个主要领域：医学、材料和太阳研究。

这是加压的太空居住舱模块的第12次飞行，它是一个紧凑的商业载体，被当作是第二个中甲板。它可以在机架或储物柜进行实验，可容纳近2268千克的物资。其大小与中甲板储物柜相当，它还包括一个用于处理标本和化学品的手套箱。

太空中的大多数医学和生命科学研究都旨在解决长时间失重对人体的影响。STS-95任务研究了机组人员在微重力环境中的平衡、感知、免疫系统、骨骼和肌肉、新陈代谢、血液流动和睡眠，并寻找其中的变化。某些适应太空飞行的影响类似于衰老效应，因此美国国家航空航天局将小约翰·格伦在飞行中作为老年研究对象。虽然有些人认为这个实验是用航天飞机旅行奖励航天终身支持者，但格伦对待他扮演的研究角色十分认真。

另外两个科学有效载荷置于有效载荷舱里的实验室模块之外。"航天飞机指向自主研究天文学工具"-201进行了第4次飞行，其中3次都是在"发现"号上，实验主要研究太阳。"航天飞机指向自主研究天文学工具"有两个互补的望远镜，并进行了两天的自由飞行。一个搭乘者底座上装了6个仪器进行极端紫外波长范围内的天文观测，这是恒星诞生和死亡的标志。

另一个重要的有效载荷，称为轨道测试系统，用来测试在第3次"哈勃"太空望远镜维修任务中使用的硬件（1999年由"发现"号STS-103任务执行）。事先将先进设备暴露在空间环境中，以确保新计算机、固态记录仪和冷却设备将来安装在望远镜上时可以正常运行。

STS-95任务标志着其他几个第一！来自欧洲航天局的有效载荷专家彼得·杜克成为西班牙国内第一个飞上太空的人员；太空中第一位日本女性基亚基·穆凯，是日本第一个在太空中飞行过多次的人员；这项任务包括第一次高清电视广播；沃尔特克·朗凯特和前宇航员皮特·康拉德对"发现"号的升空和小约翰·格伦重返太空进行了全国性的现场评论。

人们记住STS-95任务主要是因为小约翰·格伦重返太空。发射时，人流如潮水般地来到发射场，其中包括总统比尔·克林顿和第一夫人希拉里·克林顿。作为太空先锋和让人钦佩的国家人物，格伦的明星效应引起了人们对载人航天的重新关注，并暂时地提升了公众的兴趣。但是除了名人效应之外，STS-95任务还是一个致力于科学研究的任务。作为太空研究的运营设施，"发现"号很快将因国际空间站的应用而黯然失色。

▲
被机械臂抓住后，航天飞机指向自主研究天文学工具在距离"发现"号约70～100英里处（113～161千米）自由飞行2天后被引导回到有效载荷舱中的停泊处

▲
克林顿总统和第一夫人与宇航员罗伯特·卡巴南和艾琳·柯林斯以及其他美国国家航空航天局官员一起见证了STS-95任务的发射

◄
参议员小约翰·格伦是飞行器上科学活动的积极参与者，图中的他穿着为睡眠研究研制的设备。他"站在"自己的铺位旁边，这是1个由4个中甲板睡眠隔间组成的柜子，用于执行两班倒的任务

9 : 19 : 13
天 小时 分钟

153° | 51.6°

396 千米

7 : 55
小时 分钟
1

肯尼迪航天中心

指挥官
• 瓦莱肯特·罗明格，美国海军，他5次飞行中的第4次，2次在"发现"号上

驾驶员
• 理查德·赫斯本德，美国空军，他2次飞行中的第1次

任务专家
• 塔玛拉·杰尼根，太空物理学家和天文学家，她5次飞行中的最后一次，1次太空行走
• 埃伦·奥乔亚，电气工程师，她4次飞行中的第3次，2次在"发现"号上，远程操纵器系统机械臂操作员
• 丹尼尔·巴里，电气工程师和医生，他3次飞行中的第2次，2次在"发现"号上，1次太空行走
• 朱莉·帕耶特，加拿大航天局，工程师，她2次飞行中的第1次
• 瓦莱里·托卡列夫，俄罗斯航天局，他唯一的1次航天飞行

▶ 在这个版本的宇航员标志中，这颗恒星代表5个参与的太空机构，彩色光线向机组成员们的3面国旗致敬，轨道圆圈是"发现"号与新生空间站对接的路径

ROMINGER HUSBAND
PAYETTE TOKAPEB
JERNIGAN OCHOA BARRY

▶ 前排（从左到右）：瓦莱肯特·罗明格，埃伦·奥乔亚和理查德·赫斯本德
后排（从左到右）：丹尼尔·巴里，朱莉·帕耶特，瓦莱里·托卡列夫和塔玛拉·杰尼根

"发现"号与国际空间站：十三集故事

对接

组建国际空间站前后跨越了13年，覆盖了37次航天飞机任务。"发现"号在组建工作中发挥了主导作用，一共为此飞行了13次。建造国际空间站的过程应该被视为一个连续的故事，以描述有条不紊地从单一的模块构建，到建成宛如美国足球场大小的复杂空间结构的过程。"发现"号这段经历与众不同，可作为整个空间站计划的一个片段进行欣赏。"发现"号执行了飞往国际空间站的第2次任务和倒数第2次任务——构成国际空间站故事的头和尾，就像在"航天飞机—'和平'号任务中一样。

空间站建造故事开始于第一个空间站组件——俄罗斯"曙光"号（"日出、黎明"）核心动力系统模块，带有太阳能电池阵列，于1998年11月由质子火箭发射到轨道上。12月，在第一次组装任务中，"奋进"号带来了第一个美国组件——"团结"号节点舱，宇航员将美国组件与"曙光"号配对。这两个模块构成了整个空间站建造的核心。1999年5月，在第一次运送物资的物流后勤任务中，"发现"号第一次与国际空间站的配对单元对接，并且STS-96任务机组人员进入空间站为居住做准备。

机上照片显示工作人员利用螺丝刀和钻头安装内部硬件，运行电缆，常常在空间站内进行收尾工作。他们还运送了大约2吨设备，用于进一步的舱内装潢，以及为未来第一批太空居民提供衣物、睡袋、电脑、照相机、医疗设备和饮用水。从"发现"号有效载荷舱的后半部分的太空居住舱双模块——物资存放点出发，通过机组人员通道和对接适配

器，进入"团结"号节点舱和"曙光"号，一路上交通非常通畅。

当埃伦·奥乔亚操作"发现"号的机械臂时，丹尼尔·巴里和塔玛拉·杰尼根在外面工作了将近 8 小时，安装了俄罗斯"箭"（Strela）货物起重机和一台美国起重机。他们为未来的装配任务预先安置了一些工具和扶手，并为未来的太空行走者们安装了脚踏板。随着他们完成各种任务和外部硬件检查，太空行走也提上日程。

考虑到交会、对接以及在失重条件下做任何工作面临的挑战，将这项任务定义为建立一个太空之家可能过于简单化，但这是机组人员的首要目标——让国际空间站为第一批居民的到来做好准备。

从 STS-96 任务开始，"发现"号从前面的科学研究飞行平台转变为重型货运航天飞机。在它的下一次任务（STS-103 任务）中，"发现"号装载了维修"哈勃"太空望远镜需要的设备，之后又飞往国际空间站 12 次，每一次都装载着巨型结构或大量的物资。在新世纪的早几年，所有轨道器最终都扮演着其注定要扮演的角色：在地球和太空前哨之间运送人员和设备。

▲
STS-96 任务机组人员在完成他们的空间站工作时，通过在"团结"号节点舱留下一些幽默的标志来帮助第 1 批太空居民在国际空间站获得向导

▲
庞大的国际空间站从这个双模块核心发展而来，在"发现"号离开前对各个部位进行安全检查时，从"发现"号上获得的视图

12:21:42
天 小时 分钟

202° | 51.6°

396 千米

27:19
小时 分钟

4

肯尼迪航天中心

第 100 次航天飞机任务

指挥官

- 布赖恩·达菲，美国空军，他 4 次飞行中的最后一次

驾驶员

- 帕梅拉·梅尔罗伊，美国空军，她 3 次飞行中的第一次，2 次在"发现"号上

任务专家

- 勒罗伊·基亚，化学工程师，他 3 次航天飞行中的最后一次，国际空间站远征 1 次，2 次太空行走
- 小威廉·麦克阿瑟，美国航空航天工程师，他 3 次航天飞行中的最后一次，国际空间站远征 1 次，2 次太空行走
- 彼得·维科夫，物理学家，他 4 次飞行中的最后一次，2 次太空行走
- 迈克尔·洛佩兹-乔伊，美国海军，航空工程师，他 3 次航天飞行中的第 2 次，国际空间站远征 1 次，2 次太空行走
- 和田光一，日本国家航天发展局，航空航天工程师，他 4 次航天飞行中的第 2 次，两次国际空间站远征，远程操纵器系统机械臂操作员

"发现"号与国际空间站：十三集故事

组装

在 STS-103 任务重振"哈勃"太空望远镜后，"发现"号进入了全天候国际空间站的服务。这是第二次访问国际空间站任务，"发现"号这次执行的是装配任务，为该站的持续扩建带来了两个关键部分。

自"发现"号首次到达并访问以来，俄罗斯的"星辰"号服务舱（生活区）于 2000 年 7 月抵达，自动安装到"曙光"号功能舱上与"团结"号节点舱相反的另一端。另外两次航天飞机任务带来了更多的物资和设备，此时的工作是交付和安装第一个主要的外部模块。

STS-92 任务是第 100 次航天飞机任务，是 20 年内达到的一个里程碑，其本身就是一项独特的任务。在 4 个太空行走工作日中，工作人员安装了巨大的太阳能电池阵列的基座，这将成为国际空间站的一个明确特征和一个额外的对接端口。帕梅拉·梅尔罗伊成为美国第 3 位女性航天飞机驾驶员；她很快就成为第 2 位女性指挥官，也是在"发现"号任务中。

天顶 Z1 桁架的安装在任务列表中占据首位。太阳能电池阵列的框架最终将连接到"团结"号节点舱顶部的这个巨大的梁上，但它首先将支持下一次航天飞机任务中安装的较小的太阳能电池阵列。任务专家和田光一使用操纵臂将桁架连接到"团结"号节点舱上，之后太空行走宇航

▶ 由宇航员军团标志上的一缕光线构成的生动的 Z 代表了桁架，桁架加在有 3 个模块的空间站上，叠加在航天飞机形状上，以显示其增加的尺寸

从左到右：帕梅拉·梅尔罗伊，勒罗伊·基亚，迈克尔·洛佩兹-乔伊，小威廉·麦克阿瑟，彼得·维科夫，和田光一和布赖恩·达菲

员在上面安装了电源转换器、电线、通信系统天线和其他设备。Z1桁架还装有陀螺仪装置，用于保持国际空间站朝向正确。

　　机组人员的第2项主要任务是在"团结"号节点舱上安装第3个扩展坞。圆形节点有6个端口，弧面上有4个，另外两侧一边一个，用来接受加压适配器，从而可以对接航天器或附加模块。"团结"号节点舱已经有两个终端适配器，一个连接到"黎明"号，另一个用于与航天飞机对接。附加适配器为国际空间站提供了对接和扩展时可以选择的位置。

　　由和田光一操作机械臂，同时两支太空行走队完成了安装和其他任务。勒罗伊·基亚和小威廉·麦克阿瑟负责安装Z1桁架，彼得·维科夫和迈克尔·洛佩兹－乔伊处理了适配器的配对工作，并在与"发现"号连接时对舱外活动救援背包进行了测试。除了交会和离场演习外，布赖恩·达菲和帕梅拉·梅尔罗伊还通过近距离机动为这些安装工作提供支持，并提升了国际空间站的高度。

　　宇航员们将更多的物资和设备从轨道器转移到空间站，并与桁架进行内部电气连接。之后，5名STS-92任务专家中的4名也将在他们参与建造的空间站上生活和工作。

"发现"号离开时的这个视图可以直观地显示圆形"团结"号节点舱的对接端及其新功能：右侧为方形Z1桁架结构和通信天线，左侧为第2个锥形配合适配器。俄罗斯模块延伸到"团结"号节点舱后面，可以看见1对太阳能阵列机翼，其他的被遮住了

▼

◄

下一个航天飞机从下面靠近国际空间站时，可以看到"发现"号乘组的工作。连接到"团结"号节点舱（顶部）的是最低点的圆锥形黑色配合适配器和天顶侧的Z1桁架延伸的天线

12:19:49
天 小时 分钟

201° | 51.6°

331 千米

2

15:17
小时 分钟

肯尼迪航天中心

指挥官

- 詹姆斯·韦瑟比，美国海军，他6次飞行中的第5次，2次在"发现"号上

驾驶员

- 詹姆斯·凯利，美国空军，他2次飞行中的第1次，2次在"发现"号上

任务专家

- 安德鲁·托马斯，机械工程师，他5次飞行中的第3次，3次在"发现"号上，并停留在"和平"号上，1次太空行走
- 保罗·理查兹，机械工程师，他唯一的1次飞行，1次太空行走

任务专家（行）

- 詹姆斯·沃斯，美国陆军，航空航天工程师，他6次飞行中的第5次，2次在"发现"号上，1次太空行走
- 苏珊·赫尔姆斯，美国空军，航空航天工程师，她5次飞行中的第1次，2次在"发现"号上，1次太空行走
- 尤里·乌萨切夫，俄罗斯航天局，工程师，他两次飞行中的最后一次

任务专家（行）

- 谢尔盖·柯尔卡列夫，俄罗斯航天局机械工程师，他3次飞行中的最后一次
- 威廉·谢泼德，美国海军，机械工程师，他4次飞行中的最后一次，以及1次国际空间站远征
- 尤里·吉琴科，俄罗斯航天局，他唯一的1次航天飞行

▶ 弯曲的3色横幅代表3名乘组成员在国际空间站的第一次乘组轮换任务中轮换。航天飞机的乘组人员名字在横幅上方，国际空间站的乘组人员名字在下方

"发现"号与国际空间站：十三集故事

人员更替

当"发现"号5个月后返回国际空间站时，空间站发生了两个重大的变化。一名宇航员已经安装了第一个左舷侧桁架，另一名已经将美国"命运"号实验室模块交付并适配到"团结"号节点舱的前侧。空间站模块线变得更长，第一个垂直延伸就位。

"发现"号STS-102任务增加一个新的任务：空间站人员轮换。第一次一名新的工作人员从航天飞机上进驻空间站，另一名空间站工作人员乘坐同一架航天飞机回家。第一批驻地工作人员乘坐俄罗斯"联盟"号飞船前往空间站。从第2名空间站人员到达一直到2010年，机组人员经常乘坐航天飞机往返于国际空间站，"发现"号执行了6次机组人员轮换任务。10年来，"上行"和"下行"备注一直出现在航天飞机人员名单旁边。

STS-102也是一项运输任务，引入了一种名为多用途物流模块的新型大型货运站。这是由意大利制造的，意大利也是欧洲航天局的成员国，这些可重复使用的模块中的第一个被命名为"莱昂纳多"。随着时间的推移，它反复装载了耗材和装备，后来在"发现"号上又飞行了4次

"发现"号人员（中间，左起）：詹姆斯·凯利，安德鲁·托马斯，詹姆斯·韦瑟比和保罗·理查兹。国际空间站"远征"1号乘组人员（左下，左起）：谢尔盖·柯尔卡列夫，威廉·谢泼德和尤里·吉琴科。国际空间站"远征"2号宇航员（右下方，左起）：詹姆斯·沃斯，尤里·乌萨切夫和苏珊·赫尔姆斯

◄

宇航员苏珊·赫尔姆斯停在
"发现"号机械臂末端，将设
备安装在空间站上

▲

宇航员尤里·吉琴科在"莱昂
纳多"模块内部工作，"莱昂
纳多"连接在国际空间站上。
航天飞机和国际空间站的工作
人员一起将大型设备机架以及
大量小型设备、物资和水包装
在大型白色袋子中

（包括其他轨道器上的 3 次），并在"发现"号的末次任务中永久地附着在国际空间站上。

与以前使用太空居住舱货物集装箱的后勤任务不同，以前是将所有货物从航天飞机一次性转移到空间站，"莱昂纳多"本身也被转移到国际空间站。远程操纵臂操作员将其抬离有效载荷舱，使其朝向正确，并将其移动到"团结"号节点舱上的扩展坞。一旦安全连接，国际空间站的工作人员就打开了舱口，从而更有效地将货物运到空间站。

"发现"号工作人员通过重新安置加压对接适配舱和其他一些硬件，通过太空行走来清除"莱昂纳多"的路径痕迹。他们还在"命运"号的外墙上安装了一个支撑基座，用于即将部署的远程操纵器系统机械臂，这个基座类似于轨道器的一个有效载荷舱。完成工作后，詹姆斯·沃斯和苏珊·赫尔姆斯进行了航天飞机历史上最长的太空行走，时长长达 8 小时 56 分钟。安德鲁·托马斯和保罗·理查兹也进行了 6 小时的太空行走来安装备件平台并准备好机械臂基座。

与此同时，舱内工作人员开始为美国"命运"号实验室配备第一个科学机架——人体研究设施和机械臂工作站。在卸下并装载了大约 5 吨货物和 1000 磅饮用水后，他们重新给"莱昂纳多"装载了大约 1600 磅的物品和垃圾"运"回地球。然后，操作员托马斯取回货物集装箱并将其放到有效载荷舱。

从国际空间站"远征"1 号到"远征"2 号的过渡中，"发现"号的任务再次展示了航天飞机的多功能性，它成为许多后续任务的模板：根据国际空间站的交换指令运输新一批乘组人员，交付一个装满物资的大型集装箱，继续给空间站的内部和外部配置设备，并送回上一批乘组人员。"发现"号下一次任务的节奏也类似。

STS-105: 2001年8月10日至22日

11:21:13
天　小时　分钟

186° | 51.6°

406 千米

2
11:45
小时　分钟

肯尼迪
航天中心

第30次"发现"号任务

指挥官

- 斯科特·霍洛维茨，美国空军，他4次飞行中的最后一次，2次在"发现"号上，远程操纵器系统机械臂操作员

驾驶员

- 弗雷德里克·斯特科，美国海军陆战队，他4次飞行中的第2次，2次在"发现"号上

任务专家

- 帕特里克·福雷斯特，美国陆军，工程师，他3次飞行中的第1次，2次在"发现"号上，2次太空行走
- 丹尼尔·巴里，医生和电气工程师，他3次飞行中的最后一次，2次在"发现"号上，2次太空行走

空间站成员（行）

- 小弗兰克·库尔伯特森，美国海军，工程师，他4次飞行中的第3次
- 弗拉基米尔·德祖罗夫，俄罗斯航天局，工程师，他2次飞行中的第1次
- 米哈伊尔·秋林，俄罗斯航天局，工程师，他2次飞行中的第1次

空间站成员（行）

- 詹姆斯·沃斯，美国陆军，工程师，他4次航班中的第2次，2次在"发现"号上
- 苏珊·赫尔姆斯，美国空军，工程师，她6次飞行中的最后一次，3次在"发现"号上
- 尤里·乌萨切夫，俄罗斯航天局，工程师，他2次飞行中的第1次

"发现"号与国际空间站：十三集故事

后勤服务

4个月后，"发现"号于2001年第二次进入太空。它的第30次飞行任务与最近一次任务类似，将乘组和物资运送到国际空间站。这是"莱昂纳多"模块第二次飞行，国际空间站乘组人员也进行了第二次轮换。

"发现"号这两次飞行任务中间的两次组装为空间站增加了新的功能：一个长的远程操纵器系统机械臂可以将太空行走者和设备移动到位，还有一个气闸用于舱外活动。空间站具有了与航天飞机相媲美的太空行走能力，此后无论航天飞机是否在，工作人员都可以到外面工作。

这次飞行任务中，"发现"号运送了第三批前往国际空间站的乘组人员，并将第二批乘组人员接回家，第二批乘组人员之前也是乘坐"发现"号升空的。"远征"2号

▲
国际空间站"远征"2号乘组人员（左）：詹姆斯·沃斯，尤里·乌萨切夫和苏珊·赫尔姆斯
国际空间站"远征"3号宇航员（右）：米哈伊尔·秋林，小弗兰克·库尔伯特森和弗拉基米尔·德祖罗夫
飞行器人员（中）：弗雷德里克·斯特科，帕特里克·福雷斯特，丹尼尔·巴里和斯科特·霍洛维茨

◄
曲线型的旗帜横幅和金色的星星代表着国际空间站的乘组人员轮换周期，其中3颗星为美军指挥的去往国际空间站的"远征"3号乘组人员，2颗星为轮换下来的俄罗斯指挥的"远征"2号乘组人员

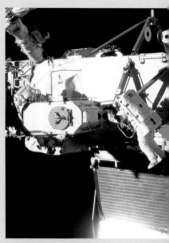

的乘组人员在空间站上花了 5 个月的时间继续进行配置工作，以实现空间站的全面运行。"发现"号是第一个为单独一组国际空间站工作人员提供往返服务的轨道器，现在它已经成为分配到空间站执行任务的宇航员的通勤飞机。

和以前一样，"莱昂纳多"装满了数吨的物资和设备。一旦它停泊到"团结"号节点舱并被激活，两边的工作人员就会一起开始卸载。这项任务的指定负责人丹尼尔·巴里精心策划了这些转移工作，以确保物资和设备按优先顺序卸载，并遵循详细的装载计划，以便宇航员在拆开包装时可以轻松找到所需物品。

其中最受欢迎的货物是美国"命运"号实验室模块的两个大型科学设备。当配备完整 24 个机架时，"命运"号将成为国际空间站美国科学研究活动的主要场所。美国国家航空航天局这次任务的口号是"科学走在最前沿"，提出了在持续基础建设的同时，优先开始科学研究工作。

两次太空行走强调了这一使命，首先为工作站的冷却系统安装氨服务器单元并进行实验，然后为另一个桁架安装太空行走扶手和电缆。该实验将各种材料直接暴露在太空环境中，以了解它们是如何风化的。丹尼尔·巴里和帕特里克·福雷斯特进行了 2 次太空行走，由斯科特·霍洛维茨和弗雷德里克·斯特科在尾部驾驶舱上提供支持。

完成这次任务后，"发现"号迎来了第 3 次重大修改升级，从而暂停服务，它成为第一个在肯尼迪航天中心，而非加利福尼亚州帕姆代尔工厂进行维护升级工作的轨道器。这一次，"发现"号进行了玻璃驾驶舱升级，以及彻底的检查和大修，还包括 350 多项其他改进。同时，"亚特兰蒂斯"号和"奋进"号继续执行飞行空间站任务，"哥伦比亚"号执行了最后一次专门的科学任务。

STS-114

13 : 21 : 33
天　小时　分钟

219° | 51.6°

354 千米

3

20 : 5
小时　分钟

爱德华兹
空军基地

指挥官

• 艾琳·柯林斯，美国空军，她4次飞行中的最后一次，2次在"发现"号上

驾驶员

• 詹姆斯·凯利，美国空军，他2次飞行中的最后一次，都在"发现"号上，远程操纵器系统机械臂操作员

任务专家

• 野口秀一，日本宇宙航空研究开发机构，航空工程师，他唯一的1次飞行，1次国际空间站远征，3次太空行走
• 斯蒂芬·罗宾逊，机械工程师，他4次飞行中的第3次，3次在"发现"号上，3次太空行走
• 安德鲁·托马斯，机械工程师，他4次飞行的最后一次，3次在"发现"号上
• 温迪·劳伦斯，美国海军，海洋工程师，她4次飞行的最后一次，2次在"发现"号上，远程操纵器系统机械臂操作员
• 查尔斯·卡马尔达，航空航天工程师，他唯一的1次飞行

▶ 航天飞机"重返飞行"，在他们任务徽章的设计中，用天鸽座中的7颗星纪念执行STS-107任务的"哥伦比亚"号机组人员。象征国际空间站轨道的蓝色环带上有太空行走人员的名字

"发现"号与国际空间站：十三集故事

重返飞行

"发现"号原计划进行18个月的重大维护和升级，然而这一次停飞时间从18个月延长到4年，因为意想不到的事情再次发生了："哥伦比亚"号坠毁了，7名STS-107任务乘组人员在2003年2月1日返回时丧生。航天飞机第二次悲剧被归结于碎片的撞击，一大片外部油箱隔热层在上升过程中断裂并且致命性地损坏了轨道器的一个机翼。美国国家航空航天局停止了航天飞行，直到相关问题得到纠正。与1988年一样，长时间的事故调查使航天飞机机队都停飞了，而"发现"号刚刚经历检查和升级，成为重返飞行的轨道器。

STS-114任务和STS-121任务是试飞任务，重点是评估新的安全措施。除了改变外部油箱以减少碎片外，轨道器还进行了多次升级以更好地监测其状况。飞行器底部、固体火箭助推器底部和油箱底部都安装了新摄像头，从而可以记录油箱脱落和可能造成破坏的隔离体。美国国家航

▲ 橙色（左起）：詹姆斯·凯利，安德鲁·托马斯，温迪·劳伦斯，查尔斯·卡马尔达和艾琳·柯林斯。白色（左起）：斯蒂芬·罗宾逊和野口秀一

空航天局采取了仅限白天发射的政策,以便于监测油箱和记录任何碎片对航天飞机的损害。地面上的团队仔细检查来自至少 100 个摄像机的图像,以确定轨道器是否在通往轨道的途中受到损坏。

STS-121 任务成为第二次重返飞行的任务,因为在 STS-114 任务发射期间,摄像机显示油箱隔热体仍然脱落。虽然"发现"号没有遭到严重破坏,但这种碎片脱落仍然令人担忧;在进一步解决这个问题之前,美国国家航空航天局决定暂不恢复飞行。其实 STS-121 任务可以飞得更早,但"卡特里娜"飓风在墨西哥湾登陆肆虐,破坏了美国国家航空航天局在路易斯安那州的外部油箱生产工厂,并中断了油箱重新设计工作。

研究人员又开发了新的设备和飞行检查技术,"发现"号机组人员对其分别进行了测试。这次航天飞机加装了第二个 50 英尺(15 米)的机械臂,这个机械臂是直线形的,末端装有一个带传感器的摄像头和一个连接到机械臂远程操纵器系统的激光装置。机械臂操作员使用轨道器吊杆传感器系统扫描轨道器的每 1 寸地方——特别是以前无法进入的机头、后部和底部——来寻找损坏点。此外,由加强碳材料制成的机翼前缘配备有冲击探测器;"哥伦比亚"号上这样的几块面板曾遭到过破坏。在所有"哥伦比亚"号之后的任务中,宇航员都会进行两次这种在轨检查,一次是在早期,一次是在后期,以确保这些轨道器重新进入大气层是安全的。

当"发现"号接近国际空间站时,任务指挥官艾琳·柯林斯和史蒂夫·林赛进行了一次新的飞行演习,技术上是一种 R-bar 俯仰机动,但常常更随意地称为交会俯仰机动或"后空翻"。他们和所有后来的指挥官(STS-125 任务除外,那次任务是维修"哈勃"望远镜)将轨道器首先推到距离空间站 600 英尺(183 米)的位置,然后慢慢将其向上倾斜,将整个底部和船尾向空间站工作人员展示,空间站工作人员在窗户上配备了摄像头。然后他们将隔热瓦和前缘板的数字图像传送到地面进行检查。10 分钟的机动给轨道器上了额外的保险,以确保没有漏掉任何损坏点。

STS-121

```
12 : 18 : 38
天    小时   分钟
```
```
21 : 29
小时   分钟
```
3

202° | 51.6°

352 千米

肯尼迪航天中心

第 115 次航天飞机任务

指挥官

- 史蒂夫·林赛，美国空军，他 5 次飞行中的第 4 次，3 次在"发现"号上

驾驶员

- 马克·凯利，美国海军，他 4 次飞行中的第 3 次，2 次在"发现"号上

任务专家

- 迈克尔·福苏姆，系统工程师，他 3 次飞行中的第 1 次，2 次在"发现"号上，3 次太空行走
- 丽莎·诺瓦克，美国海军，航空航天工程师，她唯一的 1 次飞行，远程操纵器系统机械臂操作员
- 斯蒂芬妮·威尔逊，航空航天工程师，她 3 次飞行中的第 1 次，全部在"发现"号上，远程操纵器系统机械臂操作员
- 皮尔斯·塞勒斯，生物气象学家，他 3 次飞行中的第 2 次，3 次太空行走

国际空间站宇航员（行）

- 托马斯·赖特，欧洲航天局，航空航天工程师，他去国际空间站远征队的往返飞机都是"发现"号

▶
航天飞机重叠在象征着宇航员办公室的图案上，事实上代表航天飞机泊靠在空间站

左起：斯蒂芬妮·威尔逊、迈克尔·福苏姆、史蒂夫·林赛、皮尔斯·塞勒斯、马克·凯利、托马斯·赖特和丽莎·诺瓦克

重返飞行

工作人员还测试了在轨隔热瓦和前缘修复的工具和技术。STS-114 任务的三次太空行走包括修复试验。第一次发生在有效载荷舱的工作站上，有损坏的隔热瓦和碳板的样品；宇航员使用类似填缝枪和油漆刮刀的工具将不同的黏合剂涂在裂缝和凿槽上。检查后发现在"发现"号的机头下方有两个凸出的瓦间隙填充物后，第三次太空行走增加了之前没有计划的任务。站在空间站机械臂上的斯蒂芬·罗宾逊在轨道器下方执行了第一次太空行走任务，他将这些凸起的条状物拔掉，这样它们就不会在再入时扰乱气流并使航天飞机过热。STS-121 任务太空行走团队还尝试在有效载荷舱工作站修复受损的样板砖和碳板。各种修复方法都证明是可行的，并且在所有后期任务中，如果需要，修复材料都是可以获得的。

除了主要的重返飞行目标外，这两个任务也满足了国际空间站的后勤需求。乘组为空间站提供了大量的物资和设备，并进行了一些安装和维护任务。"发现"号在 STS-114 任务中将"拉斐尔"后勤模组带到了空间站，"莱昂纳多"模块是由 STS-121 任务带上去的，每个模块都装满了大量的必需品。STS-114 任务太空行走团队替换了空间站的一个姿态控制陀螺装置，并在空间站外部安装了一个设备存储平台和一个大型实验装置。STS-121 任务太空行

走团队为该站的远程操纵器系统机械臂修理了移动式运输车，为国际空间站热控制系统提供了备用泵，并测试了轨道器动臂传感器系统作为太空行走工作站的稳定性。太空行走团队与机械臂密切协作。

STS-121 任务还运送欧洲宇航员托马斯·赖特，从而将国际空间站的工作人员补充到 3 人。当航天飞机舰队停飞时，小型 3 人"联盟"号太空舱成为唯一载人飞行器。国际空间站的工作人员数量从 3 个缩减到 2 个，这样即便在没有航班补给的情况下，空间站依然可以维持运转，并且人员在空间站可以停留的时间更长，从而简化了航班运营。现在，航天飞机重新回来了，可以提供更多的人员轮换，当更多模块到位时，计划将国际空间站乘组人员增加到 6 人。

STS-121 任务是第 115 次航天飞机任务；在 2007 年恢复定期航班之后，有 19 次没有发生事故。油箱隔热体掉落越来越小并越来越少，都没有损坏轨道器。失去"哥伦比亚"号后，美国国家航空航天局采取了新的、严格的安全措施，为整个任务小组提供了有关轨道器状况的详细信息，并为乘组人员提供了修复轨道损伤的几种选择。对于最严重的损坏情况，美国国家航空航天局制定了一个应急计划，让宇航员登上空间站，直到启动救援任务。从 STS-114 任务开始，除了最后一次任务 STS-135 之外，轨道器总是在短时间内发射；幸运的是，没有出现那种紧急情况。

重返飞行任务完成了它们应该做的事情：恢复对航天飞机的信心，重启任务并完成空间站的建设。然而，失去"哥伦比亚"号是一个新的提醒，人类太空飞行仍然是实验性的，它引发了对航天飞机未来的重新评估。当"发现"号飞行这两个任务时，结束航天飞机计划的日期已经宣布，美国国家航空航天局已经开始计划新的飞行器。然而，"发现"号还有 7 个任务要完成。

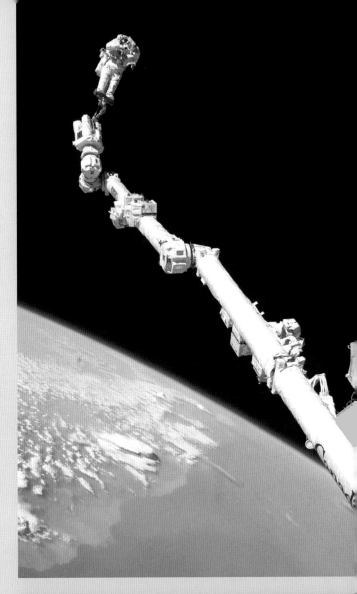

► 斯蒂芬·罗宾逊在空间站的机械臂上作业，在轨道器下方进行了第一次太空行走。他冒险去拔掉 2 块在隔热瓦之间凸出的小块材料

12:20:45
天　小时　分钟

343千米

202° | 51.6°

25:45
小时　分钟

4

肯尼迪航天中心

指挥官

- 马克·波兰斯基，美国空军，他3次飞行中的第2次
- 威廉·奥费林，美国海军，他唯一的1次飞行

任务专家

- 尼古拉斯·帕特里克，机械工程师，他2次飞行中的第1次，远程操纵器系统机械臂操作员
- 小罗伯特·库姆林，美国海军，航空航天工程师，他3次飞行中的最后一次，2次在"发现"号上，4次太空行走
- 克里斯特·富格林，欧洲航天局，物理学家，他2次飞行中的第1次，都在"发现"号上，3次太空行走
- 琼·希金波坦，电气工程师，她唯一的1次飞行

国际空间站人员（行）

- 苏妮塔·威廉姆斯，美国海军，她2次航天飞行中的第1次，2次国际空间站远征，1次太空行走

国际空间站人员（行）

- 托马斯·赖特，欧洲航天局，航空航天工程师，他去国际空间站远征来回都是乘坐"发现"号，1次"和平"号任务

► 北极星标志着P5桁架在空间站的左舷太阳能电池阵列之间的位置。上面瑞典国旗代表瑞典宇航员首次飞行

"发现"号与国际空间站：十三集故事

电力系统

在两次重返飞行任务之后，"发现"号、"亚特兰蒂斯"号和"奋进"号在最后5年航天飞机计划中进行了有规律的轮换。这次组装任务，是航天飞机第20次飞往国际空间站，也是航天飞机历史上最复杂的飞行任务之一，"发现"号工作人员为一个不断扩大的动力系统重新配置了桁架和太阳能电池阵列。在关键时刻，空间站的永久电力系统开启了。

美国国家航空航天局STS-116任务的主题是"为科学提供动力"。在不久的将来，欧洲和日本的实验室模块将添加到国际空间站，空间站的发电厂得满足日益增长的电力需求。"发现"号带来了一个港口侧桁架段（P5）以继续扩建该站的太阳能电力系统，宇航员用轨道器的机械臂将该架段移送到空间站的机械臂上。工作人员用了3天进行太空行走来安装桁架部分及其许多个电源、数据和加热器电缆，并完全重新布线工作站以备将来使用。

工作人员还撤回了一个太阳能电池阵列，以让另一个最近安装的阵列有旋转和跟踪太阳的空间。也就是这个时候他们遇到了一个问题，较旧的阵列没有像手风琴一样正确地折叠成扁平褶皱，有些部分扭曲或凸起，中间堵住了，并只有部分阵列伸展开来。电子指令和手动操作，甚至试图在空间站内推挤来扭动阵列，都无法使其折叠。最后，额外增加的太空行走尝试成功了，释放并完全将其缩

前排（左起）：威廉·奥费林，琼·希金波坦和马克·波兰斯基
后排（左起）：小罗伯特·库姆林，尼古拉斯·帕特里克，苏妮塔·威廉姆斯和克里斯特·富格林

回阵列。在这些努力中，任务专家小罗伯特·库姆林成为第一个在一次飞行任务中完成 4 次太空行走的人。

　　"发现"号搭载的太空居住舱装满了大约两吨的国际空间站物资和设备，并运回了相同重量的垃圾。一名新的国际空间站工作成员——苏妮塔·威廉姆斯，代替欧洲航天局的宇航员托马斯·赖特来到了国际空间站，赖特回到了"发现"号上。在停靠空间站 8 天后，乘组人员在回家之前部署了三颗非常小的卫星进行试验——这是 2002 年以来首次这样的部署。

　　这次任务还有一些其他的特点，STS-116 任务乘组人员中第一次包括两名非裔美国人，第一个斯堪的纳维亚宇航员，这是少数几次包括两名欧洲工作人员的任务之一。这次任务的工作人员中有 5 个是新手，因为美国国家航空航天局的目标是让宇航员队伍的所有成员都在航天飞机上获得太空飞行体验。

　　美国国家航空航天局计划在 2010 年退役航天飞机，但首先仍要完成很多工作来完善国际空间站。在具备一套正在运行的增强型电力系统之后，国际空间站已准备好了进一步扩充。

▲
小罗伯特·库姆林（左）和克里斯特·富格林在第一次太空行走中安装了 1 个新的大型左舷桁架

15 : 2 : 24
天　小时　分钟

238° | 51.6°

348 千米

4

27 : 14
小时　分钟

肯尼迪
航天中心

第 120 次航天飞机任务

指挥官

- 帕梅拉·梅尔罗伊，美国空军，她 3 次飞行中的最后一次，2 次在"发现"号上

驾驶员

- 乔治·赞卡，美国海军陆战队，他 2 次飞行中的第 1 次

任务专家

- 斯科特·帕拉津斯基，医生，他 5 次飞行中的最后一次，2 次在"发现"号上，4 次太空行走
- 斯蒂芬妮·威尔逊，航空航天工程师，她 3 次飞行中的第 2 次，全部在"发现"号上，远程操纵器系统机械臂运营商
- 道格拉斯·惠洛克，美国陆军，航空航天工程师，他唯一的 1 次航天飞行，国际空间站远征一次，3 次太空行走
- 保罗·内斯波利，欧洲航天局，航空航天工程师，他唯一的 1 次航天飞行，国际空间站探险队，远程操纵器系统机械臂操作员

国际空间站人员（行）

- 丹尼尔·塔尼，机械工程师，他 3 次航天飞行中的第 2 次，1 次太空行走

国际空间站人员（行）

- 克莱顿·安德森，航空航天工程师，他 3 次航天飞行中的第 2 次，2 次在"发现"号上

▶

在带有和谐号节点舱的航天飞机旁边，1 颗明亮的星星象征着空间站和将 P6 太阳能电池阵桁架从红点重新定位到金点。对面是未来的目的地——月球和火星

"发现"号与国际空间站：十三集故事

"和谐"号节点舱

美国国家航空航天局第 120 次航天飞机任务的口号是"'和谐'号节点舱：一个全球性联结器。""发现"号搭载了一个重要组件——一个名为"和谐"号的多端口节点舱——用于添加由欧洲和日本准备的实验室模块。"和谐"号节点舱是 2001 年以来增加的第一个新生活空间。这是第二个连接节点，将允许国际空间站扩展到其全部研究能力，并且当实验室到位时，工作人员可增加到 6 人。

"发现"号第二个连续组装任务包括 4 次重型舱外活动，以重新配置空间站。在 STS-116 任务之后，"亚特兰蒂斯"号和"奋进"号组装任务人员建造了右舷侧桁架及其第一对 112 英尺长（34 米）的太阳能阵列机翼。"发现"号工作人员交付了新的节点，并将第二对太阳能机翼重新安置到左舷，显著改变了空间站两个轴的外观——模块线和垂直桁架线。

太空行走就像四幕芭蕾一样展开，机械臂的操作员们与太空行走二人组都在导演和舞台场监的监督下互动。当"发现"号停靠在美国"命运"实验室末端的时候，第一次太空行走主要是利用空间站的机械臂将"和谐"号节点舱移出有效载荷舱，并暂时将其与"团结"号节点舱的端口侧相连。第 2 天，工作人员连接电源线和数据线并打开舱口使节点舱通风，以便他们可以进入并开始装配。"发现"号离开后，

▲
左起：斯科特·帕拉津斯基，道格拉斯·惠洛克，斯蒂芬妮·威尔逊，乔治·赞卡，帕梅拉·梅尔罗伊，丹尼尔·塔尼和保罗·内斯波利。克莱顿·安德森没有在照片中

▲
"发现"号接近国际空间站以交付多通道的"和谐"号节点舱

在"发现"号到达之前，国际空间站右舷和左舷上都有1对太阳能阵列机翼。第2对存放在该图像中心的桁架段上的4个狭窄的灰色容器中，在此任务期间被重新安置并展开
▼

新近连接到国际空间站的原始"和谐"号节点舱，等待即将到来的日本实验模块（左），欧洲"哥伦布"实验室模块（右）和多用途物流模块。航天飞机将泊靠在舱口后面

国际空间站的工作人员将再次使用机械臂在"命运"号模块末端重新定位"和谐"号节点舱。

第二次太空行走的主要任务是，将升至Z1桁架上方的P6太阳能电池阵桁架拆卸下来；自从"发现"号STS-92任务机组人员于2000年将其安装在那里，它一直处于那个临时的"垂直"位置。"发现"号之前STS-116任务的机组人员已经装好了长阵列以准备这一行动。太空行走团队将其断开，舱内的工作团队用空间站的机械臂将其捡起。第2天，他们将它转移到航天飞机的机械臂上，将空间站的机械臂释放出来并将其移到新的安装地点。

工作人员在第3次太空行走中，巧妙地完成了任务，成功地将P6太阳能电池阵桁架移动并安装在其永久位置上。这时重头戏开始了。当阵列展开时，工作人员注意到了一个裂口后就停止了进程以避免进一步的损坏，地面工作站进行了为期两天的分析和规划。然后，工作人员花了一整天的时间学习修理程序，为其组装和制作工具，并紧急演练第4次太空行走，以便修理和扩展太阳能电池阵列。

为了完成修复，轨道器的长直线吊臂被连接到空间站的机械臂上，任务专家斯科特·帕拉津斯基在受损的机翼位置旁边。他做了修理，附近的道格拉斯·惠洛克指导他以及机械臂操作员完成整个过程。过程让人不由地紧张得屏住呼吸，几小时后，机组人员试图部署太阳能电池阵列。让每个人都感到宽慰的是，阵列慢慢地、稳定地展开了。这次精细的团队合作和修复工作使国际空间站的电力系统恢复了满负荷运转。

空间站组装任务主导了航天飞机任务，这次任务成为"发现"号历时第二长的飞行，但STS-120任务也标志着两个截然不同的历史事件。由于帕梅拉·梅尔罗伊担任航天飞机指挥官，佩吉·惠特森担任国际空间站"远征"16号指挥官，这是第1次，也是迄今为止唯一一次两名女性同时指挥太空任务。为了庆祝《星球大战》特许经营30周年，幻想世界中的卢克天行者的光剑在"发现"号上作为一种特殊的有效载荷飞行。

STS-120任务是空间站演变过程中的另一个关键任务。当"发现"号停靠11天后离开时，国际空间站看起来与它刚抵达时有了很大的不同。它现在已经准备好迎接欧洲和日本实验室模块的到来，实验室模块在接下来的两个航天飞机任务中将与"和谐"号节点舱成直角连接。届时，国际空间站的可居住容量将增加约20%，可以容纳更多的宇航员并进行更多的研究，这距空间站完成又近了一大步。

国际空间站"远征"16号指挥官佩吉·惠特森（右）在开放式停靠舱口迎接航天飞机指挥官帕梅拉·梅尔罗伊（左），这是一次历史性的相遇。这是首次两名女性同时指挥太空任务

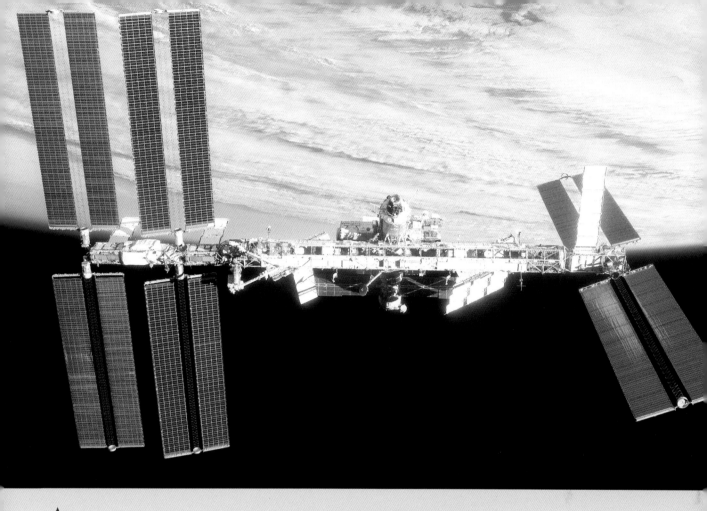

▲ 在"发现"号离开时的这个飞行视图中，重新定位的端口太阳能电池阵列位于最左侧，圆柱形"和谐"号节点舱位于图像中心的临时侧向位置

▲ 太阳能电池阵列安装在完全延伸的 100 英尺国际空间站机械臂上——轨道器组合的末端，斯科特·帕拉津斯基在部署时检查修复过的太阳能电池阵列。裂缝仍在图像中心可见，图中还有他穿线通过受损区域的强化线圈

STS-124: 2008年5月31日至6月14日

13 : 18 : 13
天 小时 分钟

217° | 51.6°

352
千米

20 : 32
小时 分钟
3

肯尼迪
航天中心

第35次"发现"号任务

指挥官

• 马克·凯利，美国海军，他4次飞行中的第3次，2次在"发现"号上

驾驶员

• 肯尼思·哈姆，美国海军，他2次飞行中的第1次

任务专家

• 凯伦·尼伯格，机械工程师，她唯一的1次航天飞行，1次国际空间站远征，远程操纵器系统机械臂操作员
• 小罗纳德·加兰，美国空军，航空航天工程师，他唯一的1次飞行，1次国际空间站远征，3次太空行走
• 迈克尔·福苏姆，美国空军，系统工程师，他的第2次航天飞行，2次都在"发现"号上，1次国际空间站远征，3次太空行走
• 明仁浩德，日本航空航天研究开发机构，航空航天工程师，他唯一的1次航天飞行，1次国际空间站远征，远程操纵器系统机械臂操作员

国际空间站人员（行）

• 格雷戈里·查米托夫，航空航天工程师，他3次飞行中的第1次

国际空间站人员（行）

• 加勒特·雷斯曼，机械工程师，他3次飞行中的第1次

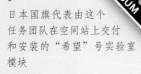

► 日本国旗代表由这个任务团队在空间站上交付和安装的"希望"号实验室模块

"发现"号与国际空间站：十三集故事

"希望"号实验舱

在第35次任务中，"发现"号交付了有史以来最大的空间站组件和最大的空间站模块——日本实验模块中的复合体加压实验室。这套研究设施抵达后经历了3次航天飞机任务才组装完毕。日本将国际空间站的模块命名为"希望"号，因此美国国家航空航天局对STS-124任务的主题是"对新时代的希望"。欧洲"哥伦布"号实验室模块已于3个月前到达；随着"希望"号实验舱的到位，国际空间站更加雄心勃勃的科学研究时代开始了。

这是日本设施的一部分，这个装满设备的物流模块已经等在那里，暂时连接到"和谐"号节点舱。"发现"号工作人员的优先事项是从有效载荷舱移出37英尺长（11米）的日本实验模块，将其连接到"哥伦布"号实验舱对面的"和谐"号节点舱，然后将后勤模块重新定位到日本实验模块的端口上。在那里，它将作为实验和备用设备的储藏室。"发现"号还带来了1个33英尺（10米）长的机械臂，将它安装在日本的实验室模块上。

"发现"号在空间站的8天里，宇航员们一共进行了3次太空行走。太空行走者迈克尔·福苏姆和小罗纳德·加兰执行了出舱行走任务，凯伦·尼伯格和明仁浩德使用空间站机械臂来传输模块。他们还测试了6自由度的"希望"

▲ 左起：格雷戈里·查米托夫，迈克尔·福苏姆，肯尼思·哈姆，马克·凯利，凯伦·尼伯格，小罗纳德·加兰和明仁浩德。加勒特·雷斯曼没有在照片中

▲

在"发现"号离开时的这个视图中，"希望"号实验舱清晰可见，模块的中心轴线像L一样向右延伸。长长的实验室模块在远端伸出机械臂，圆形后勤模块位于实验室顶部

臂，后期用于将实验设备移入和移出日本实验模块的平台。与此同时，格雷戈里·查米托夫替换了国际空间站的工作人员加勒特·雷斯曼。之后所有人都开始设置设备以启动新实验室，并处理另一个优先事项：维修空间站的厕所。

"发现"号机组人员执行了一项非常规的任务：从空间站取回一个轨道器动臂传感器系统，并将其重新安装到轨道器中。"希望"号实验室模块如此巨大以至于50英尺（15m）的吊杆难以放在有效载荷返回舱内，但是又需要用它对轨道器进行外部检查及清理来确保能够安全返回。为解决这个进退两难的问题，之前的"奋进"号工作人员将他们的轨道器动臂传感器系统悬挂在国际空间站上，供"发现"号使用。于是通过一次太空行走在轨道器中安装了动臂，并且在任务结束时对轨道器进行了检测，这与往常不同，因为往常检测轨道器是在更早的时候。

STS-124任务中其他新颖之处包括第一款欧洲自动转移飞行器（儒勒·凡尔纳）的亮相，它已经在补给任务时与国际空间站对接，以及巴斯·光年的出现，这是电影《玩具总动员》中的动画人物。迪士尼和皮克斯与美国国家航空航天局合作，制作了基于巴斯·光年和空间站科学的教育课程。"发现"号将巴斯·光年带上太空，并在之后的任务中带它返回地球。

"发现"号任务结束时，"希望"号实验舱和后勤模块为国际空间站的工作人员提供了一个大规模扩展的材料和生命科学微重力研究计划。日本的"希望"号太空研究计划也已到达轨道。

▲

虽然尚未配备实验架，但"希望"号实验舱模块是一个令人印象深刻的宽敞的研究设施

12 : 21 : 42
天　小时　分钟

202° | 51.6°

350
千米

19 : 4
小时　分钟

3

肯尼迪
航天中心

第125次航天飞机任务

指挥官

- 李·阿肯鲍尔，美国空军，他2次航天飞行中的第2次

驾驶员

- 多米尼克·安托内利，美国海军，他2次飞行中的第1次，远程操纵器系统机械臂操作员

任务专家

- 约瑟夫·阿卡巴，水文地质学家和教育家，他唯一一次的航天飞行，1次国际空间站远征，2次太空行走
- 史蒂文·斯旺森，计算机科学家，工程师，他2次飞行中的第2次，2次太空行走
- 理查德·阿诺德二世，环境科学家教育家，他唯一的1次飞行，2次太空行走
- 约翰·菲利普斯，美国海军，物理学家，他2次航天飞行中的第2次，1次国际空间站远征，远程操纵器系统机械臂操作员

国际空间站人员（行）

- 和田光一，日本航空航天研究开发机构，结构工程师，他3次航天飞行中的第2次，2次在"发现"号上

国际空间站人员（行）

- 桑德拉·马格努斯，工程师，她4次飞行的第3次

▶
形状和颜色看起来像太阳能阵列，设计突出了金色ISS桁架和太阳能翼的最后一段。这些号码是STS-119和ISS-15A两个任务的标志。17颗白色星星纪念"阿波罗"1号、"挑战者"号和"哥伦比亚"号宇航员

"发现"号与国际空间站：十三集故事

全功率运行

2009年的第一次任务是航天飞机时代的第125次飞行，这次又轮到"发现"号了。"发现"号机组人员也曾在2000年的第100次航天任务中飞行，巧合的是STS-119任务是"挑战者"号事故发生以来的第100次飞行任务。这也是一次国际空间站组装任务，会有部分乘组人员轮换，"发现"号的有效载荷是最后一个太阳能阵列桁架段。乘组人员有一项令人羡慕的工作：完成国际空间站的电力系统。

一年半之前，STS-120任务机组人员通过重新安置P6太阳能电池阵桁架段来扩展左舷侧桁架。这次乘组人员将注意力转向右舷，交付并安装了S6段。安装长散热器面板和两个大型太阳能阵列机翼后，由美国提供的空间站电力系统就全部完工，将为实验室模块和节点舱生产120千瓦电力。

4名太空行走宇航员和4名机械臂操作员合作完成了3次舱外活动。最优先的工作是将桁架段移动到位，然后将其固定在位置上，稍后连接电源和数据电缆，最后展开太阳能电池板——所有操作都顺利完成。除此之外，工作日程表上还有：为"希望"号实验舱模块添加GPS天线，重新定位设备推车，为将来的电池更换做准备，在空间站

▲
从任务标志顺时针起：多米尼克·安托内利，约瑟夫·阿卡巴，约翰·菲利普斯，史蒂文·斯旺森，理查德·阿诺德二世，和田光一和李·阿肯鲍尔。桑德拉·马格努斯没有在照片中

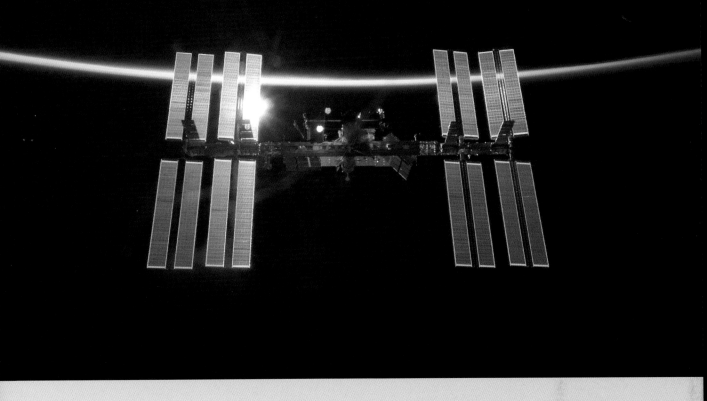

机械臂和桁架上进行各种维护工作，安装无线视频系统等。

舱内工作包括常规的运送航天飞机与空间站之间的物资、设备和垃圾，以及各种零碎工作。其中有一个重点项目是修复新的水净化和循环系统，该系统可以将尿液转化为饮用水；站上生产可以减少运输和储存空间站人员饮用水袋的需要。修复后，工作人员进行了一个测试循环，并将样品带回地球进行分析，以验证再循环水是否可以饮用。

任务期间通常会发生一些意想不到的事情；这次是回避机动。跟踪轨道空间垃圾时，国际空间站偶尔会收到正在靠近的碎片警报。有时需要采取预防性规避策略。航天飞机指挥官李·阿肯鲍尔用停靠的轨道器的推进器将空间站轻微"推动"了一下，避开了这个潜在的危险。

"发现"号返航之前，有13人同时在太空中停留，尽管他们并非都在同一个地方：7人在航天飞机上，3人在国际空间站上，3人在"联盟"号里。之前只有一次，那是1995年在"航天飞机—'和平'"号任务期间，在太空中同时有这么多人。

当这次任务结束，"发现"号离开之时，国际空间站几乎完工。因为长梁两端的两对太阳能阵列安装完毕，达到平衡，长度为335英尺（108米），现在空间站的长度比足球场还要长。最后几个部分很快就会到位，因为电力系统已经完工，国际空间站看起来已经建好，并且可以支持空间站所有的研究计划。

从离开的轨道器窗口看，国际空间站及其全套太阳能电池阵列似乎与地球的曲线保持协调

356 千米

219° | 51.6°

爱德华兹空军基地

指挥官

• 弗雷德里克·斯特科，美国海军陆战队，他4次飞行中的最后一次，2次在"发现"号上

驾驶员

• 凯文·福特，美国空军，他唯一的1次航天飞行，1次国际空间站远征，远程操纵器系统机械臂操作员

任务专家

• 帕特里克·福雷斯特，美国陆军，工程师，他3次飞行中的最后一次，2次在"发现"号上，远程操纵器系统机械臂操作员

• 何塞·埃尔南德斯，电气工程师，他唯一的1次飞行，远程操纵器系统机械臂操作员

• 克里斯特·福格桑，欧洲航天局，物理学家，他2次飞行中的最后一次，都在"发现"号上，2次太空行走

• 约翰·奥利斯，机械工程师，他2次飞行中的最后一次，3次太空行走

国际空间站宇航员（上行）

• 妮可·斯托特，工程师，她3次飞行中的第1次，2次在"发现"号上，1次太空行走

国际空间站宇航员（下行）

• 蒂莫西·科普拉，美国陆军，航空航天工程师，他的第2次飞行

▶

地球和国际空间站图标环绕着宇航员办公室图标，代表了人类在太空中的持续存在。航天飞机有效载荷舱中的瑞典国旗和"莱昂纳多"模块描述了任务的内容

"发现"号与国际空间站：十三集故事

"莱昂纳多"模块

虽然有指定的组装任务，但"发现"号这次任务似乎更像是一次再补给任务，因为"莱昂纳多"后勤模块是主要有效载荷。"发现"号将这辆装满物资和设备的"搬运车"又带到了空间站3次。除此之外，"发现"号又飞行了一系列任务，以交付和安装大型外部结构部分。在STS-128任务中，任务重点重新回到室内安装，"莱昂纳多"模块在实验室模块内部安装了一些大型设备。

当"发现"号停靠在"和谐"号节点舱的末端时，机组人员使用空间站的机械臂将"莱昂纳多"从有效载荷舱中抬出并将其停靠在同一节点上的最低端口。后勤模块因此暂时成为国际空间站的附属物。会合后的乘组人员在一周内，将7吨设备和物资从航天飞机转移到空间站，然后将"莱昂纳多"装上研究材料和其他物品返回地球。另外2吨在"发现"号的中甲板和有效载荷舱以及空间站之间来回移动。

用于材料科学和流体研究的两个冰箱大小的设备架在美国"命运"号实验室里安装，还有一个用于实验样品的大型冷冻机进入日本的"希望"号实验舱。一个大约相当于研究架大小但是作为私人睡眠室配备的外壳，是备受乘组人员欢迎的私人宿舍设施。随着国际空间站的乘组人员从3人增加到6人，这样的私人单元变得很有必要。

▲

从任务徽章顺时针方向起：凯文·福特，何塞·埃尔南德斯，约翰·奥利斯，妮可·斯托特，克里斯特·福格桑，帕特里克·福雷斯特和弗雷德里克·斯特科。蒂莫西·科普拉没有在照片中

从"莱昂纳多"上还卸载了一个奇特的新跑步机，绰号为科尔伯特。有线电视名人斯蒂芬·科尔伯特曾发起一场幽默的在线宣传活动，来说服美国国家航空航天局用他的名字命名一个模块。美国国家航空航天局以其首字母缩略词而闻名，受他的启发，给这个跑步机起了个官方名称：联合运行负荷轴承外阻式跑步机（英文缩写为COLBERT，与人名"科尔伯特"发音相同）。

空间站周围的维护工作主导了接下来的3次太空行走活动，其中最主要的工作是替换桁架冷却系统中的空氨罐，同时为空间站即将到来的第3个节点舱做相关准备。太空行走者还移除了在欧洲"哥伦布"实验室外安装的材料曝光实验设备，之后将其送回地球进行研究，他们又在空出来的位置安装了一个新实验设备。

STS-128任务有几个不寻常的特点。这是第一次在午夜发射的航天飞机任务（因此，它的发射时间跨了两天），也是最后一次降落在加利福尼亚的航天飞机任务。这是第一次有两名西班牙裔美国乘组人员的太空任务，也是第30次飞往国际空间站的航天飞机任务。同时也是"发现"号首飞25周年。按照计划，这是最后一次乘员组人员轮换任务；还会有一次国际空间站乘组人员乘坐航天飞机返回。但随着美国航天飞机即将退役，俄罗斯"联盟"号接替了国际空间站乘组人员的天地往返服务。

不过，该任务的真正意义在于为实验室配备了先进的研究设施。空间站的逐步扩建引起了一些关注，比如轨道研究中心何时能够像承诺的那样功能强大？"发现"号任务带来了新的功能，并向前推动了研究进程表。

▲
"发现"号于8月28日晚上11:59发射，随即进入8月29日，并在午夜过8分（美国东区时区）到达轨道

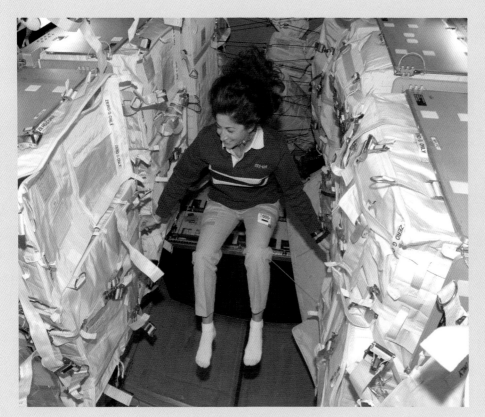

◀
妮可·斯托特被"莱昂纳多"后勤模块中的大量设备和物资包围对接后，两边乘组人员一起将所有的行李箱和新机架移入国际空间站，之后给"莱昂纳多"再装上不需要的物资返回

15	2	47
天	小时	分钟

238° | 51.6°

354
千米

20	17
小时	分钟

3

肯尼迪
航天中心

指挥官

● 艾伦·波因德斯特，美国海军，他2次飞行中的最后一次

驾驶员

● 小詹姆斯·达顿，他唯一的1次飞行

任务专家

● 理查德·马斯特拉基奥，工程师，他3次航天飞行中的最后一次，1次国际空间站远征，3次太空行走
● 多萝西·梅特卡夫－林登堡，地球科学教育家，她唯一的1次飞行，远程操纵器系统机械臂操作员
● 斯蒂芬妮·威尔逊，航空航天工程师，她3次飞行中的最后一次，全部都在"发现"号上，远程操纵器系统机械臂操作员
● 山崎野子，日本航空航天研究开发机构，航空航天工程师，她唯一的1次飞行，远程操纵器系统机械臂操作员
● 克莱顿·安德森，航空航天工程师，他3次飞行中的最后一次，2次在"发现"号上，3次太空行走

"发现"号与国际空间站：十三集故事

物资设备供应

2010年"发现"号只飞行了一次。按照航天飞机计划，这一年是计划截止年。事实上，航天飞机计划于2011年结束，因为空间站仍有一些工作需要完成。美国国家航空航天局决定，趁着"太空货车"仍在服役，向国际空间站提供尽可能多的补给品和备件，待航天飞机停飞后，类似这样运送大量货物会比现在困难得多。

STS-131任务是完成空间站组装任务的最后一次飞行，"发现"号这次又带来了"莱昂纳多"后勤模块，这次它装载了更多的东西，包括4个新的实验架、另一个实验室冷冻室、一个运动研究系统和一个宇航员睡眠宿舍。有效载荷舱中装着国际空间站冷却系统，还有一个替换氨水箱组件的设备；另外有1吨左右的袋装物品和水占据了中甲板。大多数设备用于内部科研设施的组装。

集航天飞机和空间站工作于一身的大部分乘组人员将"莱昂纳多"和轨道器上的机架与装载行李转移到空间站，并把要返回的物品运送到航天飞机上。与此同时，太空行走者和机械臂操作团队进行了3次特别维护任务的舱外活动。像之前的"发现"号乘组一样，这次必须更换位于其中一个桁架上的废氨水箱，这项任务几乎占据了一次完整的舱外活动时间。此外，他们还更换了速度陀螺仪，安装了一些乘组辅助设备，并完成多项任务。

► 在宇航员办公室的金色标志上叠加的是执行国际空间站组装任务19A和搭载"莱昂纳多"多用途后勤模块的轨道器。轨道器正在空间站附近进行会合俯仰机动，也叫"后空翻"

左起：理查德·马斯特拉基奥，斯蒂芬妮·威尔逊，小詹姆斯·达顿，多萝西·梅特卡夫－林登堡，艾伦·波因德斯特，山崎野子和克莱顿·安德森

STS-131 任务创造了"发现"号和航天飞机计划的几个第一次和最后一次。这次任务始于航天飞机时代的最后一次夜间发射，待任务结束时，它成为"发现"号停留时间最长的一次任务。这是最后一次有 7 名乘组人员的飞行，是最后一批包括新宇航员的乘组，以及最后一次包括 3 名女性在内的乘组——这一现象在 135 次飞行任务中仅出现过 3 次，其中两次是在"发现"号任务中。事实上，这次有 4 名女性第一次同时停留在太空——其中"发现"号上有 3 名，另一名是国际空间站的乘组人员。此外，第一次有两名日本宇航员在太空中，一名在航天飞机上，一名在空间站。

当 7 名航天飞机宇航员与国际空间站的 6 名乘组人员集体用餐并拍摄集体照时，这看上去就像一个热闹拥挤的家庭聚会。航天飞机退役后，空间站工作人员将乘坐"联盟"号飞船往返地球和太空之间，届时一次只会有 2 ~ 3 名人员，所以空间站里今后同时有 10 人或 10 人以上的机会将十分难得。

航天飞机会再往空间站飞行 4 次以完成物资再补给任务，同时空间站还会增加一些功能。"发现"号 2011 年的任务将高储存能力的"莱昂纳多"模块永久地连接在空间站上，作为空间站的大仓库。"发现"号于 2000 年首次与这个新生的空间站对接，并为今后人类入住空间站开始组装任务；此次"发现"号为它带来了最后的"羽翼"配件。

▲
理查德·马斯特拉基奥（左）和克莱顿·安德森正在努力更换大型 ISS 桁架上的 1 个氨罐。轨道器的远程操纵器系统机械臂部分位于左上角。在右侧可以看到模块的一部分，后面是散热器面板的倾斜部分

STS-133: 2011年2月24日至3月9日

357千米

202° | 51.6°

肯尼迪航天中心

指挥官
- 史蒂夫·林赛，美国空军，他5次飞行中的最后一次，3次在"发现"号上

驾驶员
- 埃里克·博，美国空军，他2次飞行中的最后一次

任务专家
- 阿尔文·德鲁，美国空军，航空航天工程师，他2次飞行中的最后一次，2次太空行走
- 斯蒂芬·鲍文，美国海军，工程师，他3次飞行中的最后一次，2次太空行走
- 迈克尔·巴拉特，医生，他唯一的1次航天飞行，1次国际空间站远征，远程操纵器系统机械臂操作员
- 妮可·斯托特，工程师，她的第3次航天飞行，2次在"发现"号上，1次国际空间站远征，远程操纵器系统机械臂操作员

受到已故太空艺术家罗伯特·麦考尔的启发，这一设计代表着"发现"号的最后一次发射，并从漫长的任务生涯中回归

左起：阿尔文·德鲁，妮可·斯托特，埃里克·博，史蒂夫·林赛，迈克尔·巴拉特和斯蒂芬·鲍文

"发现"号与国际空间站：十三集故事

结尾篇

"发现"号的第39次任务是最后一次任务，也是第133次航天飞机任务。随后还有两个待飞的航天飞机任务，"奋进"号和"亚特兰蒂斯"号各一个，这两个任务于2011年为航天飞机计划画上句号。"发现"号飞往国际空间站的次数最多，自1999年以来已有13次，这也是37个"航天飞机——国际空间站"任务的第35个。将俄罗斯和欧洲的航天器计算在内，这是与国际空间站的第80次对接。

与1984年首次发射一样，"发现"号这一次发射又被延误所困扰。最初计划于2010年7月发射，但STS-133任务多次推迟。"发现"号在10月被移至发射台，但由于磨损和天气原因，于12月回到了航天飞机装配大楼。"发现"号终于在2011年2月发射，成为那一年第1个进行最后一次飞行的航天飞机。中间额外多出来的时间允许"发现"号进行一些必要的硬件维修。这是一次再补给任务，因此"发现"号尽可能地装载更多的东西，这次向空间站运送了近20吨的硬件和物资。

加上这一次，"发现"号已经是第6次搭载"莱昂纳多"模块，但这一次将其留在了空间站。"莱昂纳多"从有效载荷舱中移出，并由空间站和航天飞机机械臂一起操作处理后，这个重新命名的永久多用途模块被连接到空间

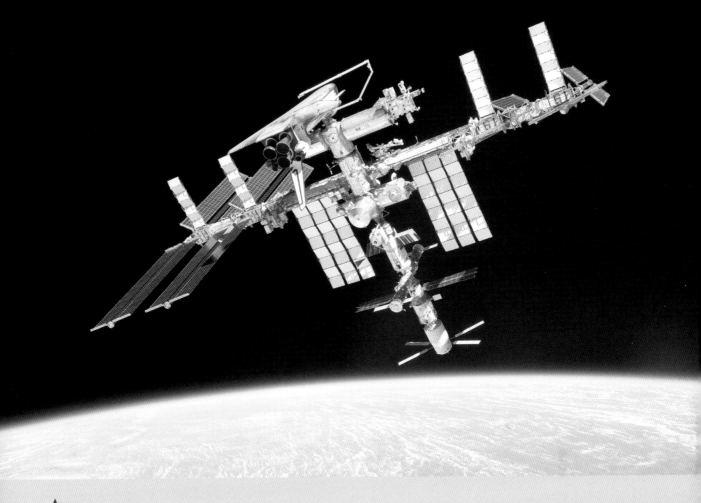

此次任务没有拍摄航天飞机停靠在国际空间站上的图像。这张图展示的是"奋进"号在国际空间站上，正像上次"发现"号停靠在该位置一样。"莱昂纳多"模块位于图像的中心，面向与轨道器发动机喷嘴相同的方向。俄罗斯"进步"号轨道器停靠在空间站的另一端

"发现"号最后一次接近空间站；它带来了"莱昂纳多"模块和快速后勤舱。在有效载荷舱中也可以看到对接适配器、机械臂和延伸臂

STS-133任务指挥官史蒂夫·林赛（蓝色上衣）和国际空间站"远征"26号指挥官斯科特·凯利检查新的"莱昂纳多"国际空间站储存室

站中心"团结"号节点舱面向地球（最低点）的一侧。在部署之前，技术人员添加了保护性隔热毯和微流星体护罩，以及最后一个作为主要空间站部分的永久性附件的固定装置。

"莱昂纳多"模块装满了物资、设备和实验设施，集航天飞机和国际空间站远征队双重身份于一身的26名乘组人员随即花了一周的时间卸载物资，将整个空间站装满。这些物资大多数是国际空间站工作人员和研究项目所需要的。美国国家航空航天局增加了两天的任务，并启用了双工作组，因此该模块可以装载最后两次航天飞机任务带来的所有补给。此后，该模块将作为自动补给飞船之间进出物品（包括垃圾）、平时急需物资的储藏室。来自欧洲和日本的两艘太空船也泊靠在国际空间站，物资也在这次任务期间卸下。

"发现"号还带来了一个安装在空间站桁架上的大型存储平台。这个快速后勤舱拥有外部备件——散热器、电源控制单元以及原件老化时可能需要的其他设备。轨道器周围的4个载体，以及存放在桁架舱内的其他设备，能够在未来提供该站可能需要的东西。

两个机械臂上的太空行走者和操作员完成了两次太空行走，在轨道器周围进行了安装和维修任务。刚刚从STS-132任务返回的太空行走专家斯蒂芬·鲍文成为第一个连续执行飞行任务的美国国家航空航天局宇航员，他的太空行走合作伙伴阿尔文·德鲁成为最后一个乘坐航天飞机的非裔美国人。巧合的是，除指挥官史蒂夫·林赛以外的所有宇航员都是2000年宇航员班（18组）的成员。

"发现"号还提供了独特的有效载荷，即太空中第一个灵巧的人形机器人——"机器宇航员"2号。它有许多摄像头来当眼睛，一个装有电脑的躯干，还有两只强壮手臂

▲
从国际空间站窗口看见的"莱昂纳多"模块的新位置，它被视为空间站的永久部分。从图中还可以看到停靠的俄罗斯"联盟"号宇宙飞船

▶
斯蒂芬·鲍文在太空行走的窗口视图中捕获了国际空间站外部工作环境的大部分内容。"希望"号节点舱（左）和"命运"（右）实验室模块从"发现"号停靠的"和谐"号节点舱延伸，新连接的"莱昂纳多"模块的一部分位于右侧框架。鲍文正在该站的远程操纵器系统机械臂末端工作，轨道器的组合臂和伸展臂在他身后

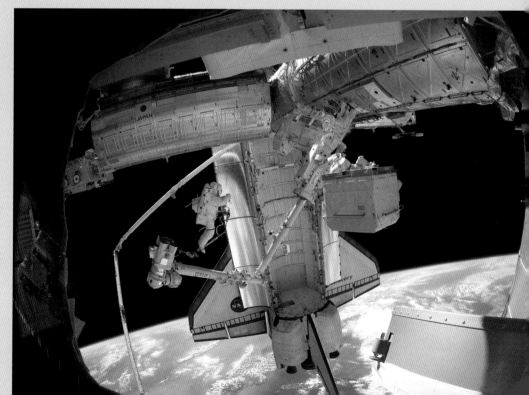

以及能够进行各种运动的抓握手。在未来几个月，其设计师和国际空间站的乘组人员将在"命运"号实验室测试其作为宇航员助理的能力。最终，机器人可能会在舱外尝试帮助完成太空行走任务。

在离开之前，"发现"号给了空间站一个提升，然后乘组人员为轨道器的最后一次回家做准备。"发现"号在过去 12 年的组装工作使国际空间站变得更加舒适，已经可以让人类永久居住，并且比以前更有能力进行科学研究。当这项任务结束时，国际空间站的架构已经完成。

但"发现"号的工作还没有完成。它的最后一次降落为航空工程研究做出了贡献。在最近的 4 次任务中，"发现"号进行了轻微修改以进行飞行动力学试验。左外机翼下方的一块瓷砖有一个 4 英寸长的楔形"减速带"，高约 1/4 英寸，大约是笔的大小。背后的瓷砖用于检测气流湍流何时开始以及再入期间有多少热量增加。这些实例首次获得了与计算机和风洞建模相比较的实际数据，这些建模控制了轨道器这部分的热防护系统设计。

着陆后，"发现"号从航天飞机机队退役并回到处理工厂进行"保护性处理"，以便将来可以保存在博物馆中，但是当时博物馆还没选好。"发现"号的退役标志着航天飞机时代的结束，这对美国国家航空航天局和航天飞机工作人员来说是一个悲喜交加的时刻。长期以来一直从事航天飞机发射的指挥者迈克·莱因巴赫痛苦地说道："我们想要高调一点，而'发现'号就是这样做的。"

▲
在美国国家航空航天局约翰逊航天中心的训练设施中与"机器宇航员"2 号合影后，STS-133 任务机组人员将宇航员助理机器人送到国际空间站，在"命运"号实验室进行测试

"发现"号正在进行最后一次着陆。在 27 年内"发现"号完成了 39 个任务以及 365 天的太空探索，成为航天飞机机队的佼佼者
▼

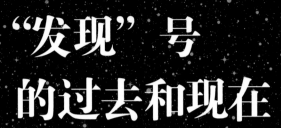

第四章 4

"发现"号
的过去和现在

　　2011年最后一次着陆时的"发现"号与1984年首次发射时已经大不相同了。在服役的27年中，这架轨道器里里外外都发生了变化。一些变化是从安全因素考虑的，还有许多变化是为了提高飞行器的性能，另外有少部分考虑到了美观方面。"发现"号进行了大约500项改进，大多数改进并不明显，它们深深地隐藏在不可见的地方。"发现"号30年里飞行135次也很好地证明了这些维护和升级项目的有效性，这些维护和升级使轨道器都运行良好，甚至比建造之初更好。

　　乍一看，最初的"发现"号和现在的"发现"号之间最明显的区别是机身的颜色。现在机身不再是纯白加乌黑油亮的颜色，一些隔热毯变成了奶油色，还有部分伴有条纹，大部分的隔热灰瓦由于多次再入大气层这个大火炉而风化。"发现"号看上去就像是到过太空39次的样子，作为一个可重复使用的航天飞机，其外貌非常自然地诉说着它的年龄和历史。

　　仔细观察轨道器的标志，可以发现设计上有意的变化。"发现"号在有效载荷舱和右舷翼上进行的维修是这个航天飞机时代设计标志的灵感来源——一个弯曲的、艺术化的美国国家航空航天局徽章，旨在传达一种大胆的新外观。20世纪90年代，美国国家航空航天局停用了这个被称为"蠕虫"的徽章，重新启用了原来的标志——那个圆形的叫作"肉丸子"的徽章——以继承早期的传统。1998年，"发现"号首次戴着新徽章飞行。那个弯曲的美国国家航空航天局标志消失了；圆形的美国国家航空航天局标志出现在机身两侧，放在之前左舷翼上国旗和"美国"字样的位置。"发现"号的名字在前方机身的两侧保持不变，但美国国旗加在了右舷翼上。

◄

在飞行器装配大楼中看到的"发现"号在1984年至1998年的前24次任务中佩戴着弯曲的美国国家航空航天局"蠕虫"标志（资料来源：美国国家航空航天局）

▲
从 STS-95 任务（1998 年）开始，在之后的 15 次任务中，"发现"号换回了美国国家航空航天局的圆形"肉丸"标志（资料来源：美国国家航空航天局）

　　这么长的飞行时间里，"发现"号的外观上也发生了诸多变化。最明显的是在白色轨道操纵系统吊舱的前端增加了两个近圆的黑瓦区域，由于视觉上的效果，工作人员称它们为"眼珠子"。由于面朝前方的白色区域暴露在比预计更热的高温下，这两个黑色的眼珠子可以为白色区域增强保护。随着时间的推移和经验的积累，轨道器上的隔热瓦和隔热毯都进行了精确的调整。各个区域也被贴上了一个个的小标签。此外，沿着机身中间侧，有效载荷舱的通风门和铰链的外观随着有关配置的调整也发生了微妙的变化。

与不多的几个外部变化相比，"发现"号的内部改进则更为广泛和实用。20 世纪 80 年代，美国国家航空航天局制定了主维护和改装的日程表，根据日程表，每个轨道器在飞行几个月后，会被送到位于加利福尼亚州帕姆代尔装配厂的"车间"。正如任何类型的交通工具（如飞机、船舶、公共汽车）偶尔需要大修一样，轨道器任务间的维护比常规交通工具维护更为必要。除了日常维修正常的磨损外，还须定期检查其是否有被腐蚀、金属疲劳、线路老化，以及由于重复使用和整机老化可能带来的系统问题。

由于轨道器非常复杂，人类对太空飞行失误的零容忍，因此美国国家航空航天局谨慎地将 3 年或 8 次飞行作为需进行彻底检查和大修的时间间隔。后来由于太空航班没有那么频繁，维修周期延长到了 4.5 年，后来又延长到 5.5 年。这些维护期也为升级轨道器提供了便利的机会，因此升级和维修通常一起进行。

在"发现"号的职业生涯中，经历了 3 个主维护和升级阶段，还有 1 次部分升级，那次部分升级改进了飞行器并提高了其性能。轨道器维修或调整倾向于 4 种情况：解决问题、设备升级、新技术引入和减重。最终除了"挑战者"号之外，其他所有的轨道器都经历了大致相同的维修调整程序，"发现"号的演变在轨道器中并不是唯一的。

"发现"号的第一次改进在加入飞行舰队后不久就进行了，即在服役的第 1 年连续执行 6 次任务之后。虽然飞行舰队在"挑战者"号事故之后（1986—1988 年）停飞，但"发现"号那时已经配备了改良的前轮转向系统，又加配了机组逃生系统。当轨道器沿着跑道滑行时，升级的前轮转向设备解决了原有系统中让人不满意的状况。这些改进能让驾驶员更好地控制飞行器，特别是在有侧风或轮胎损坏的情况下。"挑战者"号事故后，宇航员逃生系统成为了一项不可或缺的安全措施。它为机组人员提供了两个紧急出口——一个用于在飞行中跳伞的逃生杆，一个用于着陆时快速离开驾驶舱的充气滑梯。

"发现"号的第一次周期性大维护和调整是 1992 年在肯尼迪航天中心进行的。在这次彻底的检查中，发现

"发现"号于 1995—1996 年在加利福尼亚州的帕姆代尔维护了 9 个月，它被部分拆解并被工作平台包围，以进行主要的维护和调整（罗克韦尔国际公司照片，由丹尼斯·詹金斯友情提供）

了一些机身上被腐蚀的地方，同时还对布线和隔热罩损坏方面的问题进行了维修，但最重要的变化是安装了一个拖曳滑槽：降落后从垂直稳定器的底座会弹出降落伞，降落伞可以帮助减慢轨道器的速度，并在制动器停止前降低制动器的压力。在这些问题得到解决之前，严重的制动磨损和爆胎一直困扰着前期的任务。这些问题甚至还迫使加利福尼亚州出台了一个专门关于降落的政策。重新设计的制动器和拖曳滑槽解决了这个问题。为了减少轨道器的重量以便携带更多的有效载荷，"发现"号还在中甲板上更换了一些更轻便的宇航员设备（如座椅、厨房、架子和储物柜）。

"发现"号的第二次周期大修和升级是 1995—1996 年在帕姆代尔工厂进行的。这次的主要变化是增加了轨道器在轨道上与空间站对接的能力，先是与俄罗斯的"和平"号对接，然后与国际空间站对接。工人先是拆除内部气闸，将舱口后面的外部气闸安装到有效载荷舱，然后将轨

两个显示屏位于后驾驶舱。黑暗驾驶舱内柔和发光的屏幕和背光开关看起来就仿佛让人置身于梦幻中的星舰上。现在航天飞机已经准备好去迎接 21 世纪了。

然而，设计玻璃驾驶舱并不是为了好看。将关键飞行数据用电子的方式以易于阅读的图形呈现和整合，其真正目的是去帮助驾驶员理解和决策，使他们在飞行中做出更明智的决定，工作效率更高。这种设备更轻更省电，在航天环境中每磅和每一瓦特都是精打细算过的，这也是玻璃驾驶舱的附加优势。

"发现"号还接受了一些奇异却不容易被发现的升级，这些升级可以更好地保护其散热器面板免受微流星体撞击。有效载荷舱门上的散热器在航天飞行期间暴露在轨道上，以便从机载设备中排出多余的热量；但有数以百万计的火箭和卫星的碎片围着地球以与航天飞机相当的速度旋转，即使是与一小块油漆或金属碰撞也会产生中弹的效果。飞行后检查显示航天飞机机身上有"弹孔"和碎片撞击形成的陨石坑，美国国家航空航天局决定在散热器最脆弱的部分添加铝保护条，使表面变得足够厚来降低损坏的风险。

继"挑战者"号和"哥伦比亚"号悲剧之后，"发现"号成为重返太空飞行的轨道器，这是一个巧合而非特意的安排。"发现"号恰好是当时刚维护和升级过的飞行器——在 1988 年进行了常规和事故后的改进；2005 年安装的玻璃驾驶舱和一系列设备提高了安全性能。在"哥伦比亚"号坠机事件后，"发现"号首先安装了轨道器动臂传感器系统，它是机械臂的延伸，上面配备了激光、摄像头和传感器，用于检查整个轨道器是否存在可能妨碍其安全返回的损毁。"发现"号还首先配备了机翼前缘检测传感器，以记录升空和上升过程中受到的任何撞击。此时将"发现"号召回是因为它准备得最为充分，"发现"号两次将美国宇航员，同时也是将美国重新送回太空。

▲
美国空军跳伞运动员测试安装在 C-141 航天飞机上的新机组逃生杆。在紧急情况下，航天飞机机组人员在适当的飞行条件下可以逃生（资料来源：美国国家航空航天局）

道器对接系统安装在气闸顶部。其他升级还包括有效载荷舱内更好的照明环境和轮胎压力监测器。在另一项减重措施中，热防护垫取代了前机身、上翼和有效载荷舱门上的许多衍缝热毯。工程师们到处寻找能减重的部位，为了节省几盎司的重量，轮窝中的反光铝箔带被镀铝卡普顿胶带代替了。

"发现"号最后一次主要维护和升级是在 2003 年初"哥伦比亚"号失事后的飞行中断期间进行的。"发现"号在 2002 年底刚刚停止飞行，配备了多功能电子显示系统，也称为"玻璃驾驶舱"，升级了抗微流星体空间碎片的散热器，以及其他一些不太引人注意的增强性能方面的升级。

毫无疑问，玻璃驾驶舱是轨道器中最具魅力和令人印象深刻的新技术。它将之前驾驶舱的"仪表板"从一系列古怪的机械仪表、计量仪和 3 个小型单色屏幕升级为 9 个一组的大型彩色平板高度交互式的液晶显示屏，另外还有

▶
技术人员身着处理飞行硬件期间所需的防尘服，在"发现"号的有效载荷舱中安装外部气闸。有效载荷托架衬垫已移除，可以进入底层机械、流体和电气系统（资料来源：美国国家航空航天局）

在配备拖曳滑槽和升级后不久，"发现"号迎来了1997年的最后一次任务（资料来源：美国国家航空航天局）

玻璃驾驶舱采用最先进的计算机图形视频系统取代了大约40米的仪表和仪器。"发现"号在2005年返回飞行任务之前进行了驾驶舱升级（资料来源：美国国家航空航天局）

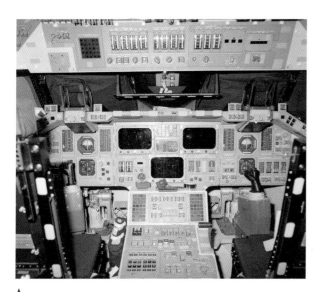

最初的驾驶舱由机电飞行仪器组成，与轨道器的通用计算机和3个阴极射线管（CRT）数据显示单元相连，这是早期航天飞机时代的一个非常先进的系统（资料来源：美国国家航空航天局）

"发现"号和其他轨道器在航天飞机项目期间接受了约500项升级，几乎涉及飞行器上所有的系统。新的计算机、制动器、轮胎和车轮、航空电子设备和导航设备、辅助动力装置、燃料电池、热防护等设备，还有一些结构上的变化，所有这些升级使得轨道器保持最新状态并达到最佳性能。这些改变与其说是对轨道器缺陷的回应，倒不如说是对新技术的肯定。它使可重复使用的航天飞机始终能够作为美国首屈一指的航天飞行器执行任务。

调整和升级的基本宗旨是使轨道器更安全可靠。除此之外，这些变化也使轨道器更易于维护。有时候一些硬件渐渐显得不可靠，一个更好的替代品出现还能减少维护的工作量。有时随着设备老化或失效，找到备件或进行维修变得更加困难，调整则解决了这个问题。航天飞机是一项不断改进的工作，工作人员始终致力于保持机队准备充分和飞行安全。

失去"哥伦比亚"号后，小布什总统宣布航天飞机项目将在国际空间站组装完成后停用，之后一些社论漫画家们开玩笑打趣这架非凡的轨道器。他们将轨道器画作病人，要么躺在医院病床上，要么坐在轮椅上，要么在助行器或拐杖后面蹒跚而行，身边被药瓶、静脉注射袋和其他象征身体虚弱的物品包围。这些描写对于轨道器及其工作人员来说是一种深深的伤害，对轨道器们依然旺盛的生命力也是一种极大的误解。

虽然"发现"号比其他轨道器年纪更长，飞行频率更高，但它绝不老态龙钟。因为有了先进的设施，相比第一次飞行，它最后一次飞行飞得更安全，准备得也更充分。当被迫提前退休时，"发现"号正赶上下一个大修和调整期。如果"发现"号如期进行大修和升级，可能会安装一个"智能驾驶舱"来接替驾驶员的部分工作，处理一些日常事务；可能还有一个健康系统来自我诊断轨道器的一些问题；各种新技术将用于持续的太空运输。与原本大修和调整计划大相径庭的是，"发现"号最后一次进行的维护却是将它卸甲并送入史密森尼国家航空航天博物馆，作为航天飞机舰队的佼佼者进行永久展示。

连接轨道器传感器系统的远程操纵器系统机械臂连接在有效载荷舱上。这种组合足够长且足够灵活，可以对到达轨道器的所有部件进行检查。不使用时，延伸部分沿着有效载荷舱的相对（右舷）边缘存放（资料来源：美国国家航空航天局）
▼

第五章

"发现"号
的终极任务

5

在航天飞机首次发射30周年之际，美国国家航空航天局局长博尔登站上了佛罗里达州轨道器处理设施前面的主席台上。首先，他向"发现"号发表了告别演说，肯定和表扬了全体"发现"号乘组成员。"发现"号刚从其最后一次任务中返回，它的航天时代即将结束。博尔登退役前是美国海军陆战队将军，同时也是一名资深驾驶员和3个轨道器的任务指挥官。他在发言中流露出对这些卓越的航天飞机感到无比自豪的感情。

接着，他给出了公众和全国各地博物馆观众一直以来紧张期待的消息：轨道器的归宿。两年来，面对诸多的申请，美国国家航空航天局一直在甄选永久展示轨道器的地点。这些申请都非常有说服力，小学生们、市民们的申请信如雪花般飞来，另外各级别的政治家也都推荐他们所青睐的站点。关于选中的地点传闻一直颇多，但美国国家航空航天局一直没有泄露任何消息，没有人知道博尔登将会宣布是哪个地方。

首先，"亚特兰蒂斯"号将继续留在肯尼迪航天中心，这是航天飞机舰队的老家。

其次，"奋进"号将前往洛杉矶的加利福尼亚科学中心，那里靠近轨道器设计和组装工厂，是轨道器的诞生地；同时那里也靠近轨道器降落的沙漠着陆点，一架架飞行器都曾在这里安全降落。

◀ "发现"号在杜勒斯国际机场最后一次着陆下降时，从国家航空航天博物馆的史蒂文·乌德瓦尔-哈齐中心上空飞过（资料来源：史密森尼国家航空航天博物馆（NASM 9A09800），摄影：丹·彭兰）

美国国家航空航天局为航天飞机计划结束和计划执行30周年专门设计了纪念标志,设计中的星星是为纪念5个轨道器和14位逝去的乘组人员,方向是从地球轨道向外推进到外太空(资料来源:美国国家航空航天局)

太空旅行经验最丰富的"发现"号将前往史密森尼国家航空航天博物馆,与其他具有历史意义的飞机、航天器等国宝们放在一起。

最后,测试轨道器"企业"号将会从史密森尼学会转移到位于纽约市的"无畏"号航空航天博物馆。

博尔登的发言开启了航天飞机计划最后一年的任务——将轨道器送到它们的新家,并去除一些设备、设施,同时安置大部分过去30年为美国的人类太空计划获得成功而付出艰苦努力的人员。总统乔治·布什曾在2004年宣布了航天飞机计划将会结束;2011年4月这一天标志着结束工作的正式启动。

美国国家航空航天局局长查尔斯·博尔登于2011年4月12日,也就是航天飞机第一次发射30周年之际,在肯尼迪航天中心仪式上宣布了轨道器的最终目的地。"发现"号的机尾在他身后的轨道器加工区里面(资料来源:美国宇航局/国家航空航天局)

使轨道器退役并非易事。每个轨道器在交付到其永久展示站点之前都需经历大约 1 年的"去除设备"和"恢复安全"过程。无论飞行器在外观上看起来多么完好，飞行器内部情况都会受到有害甚至有毒化学物质的污染。退役的轨道器同时还携带爆炸装置和一些高压力部件。美国国家航空航天局有义务在最大范围内识别和消除这些危险，这几乎要将轨道器的内脏全部挖掉，飞行器才可以永远安全地留在公共场所。对于轨道器处理团队而言，这是一项前所未有的挑战，与他们日常的工作流程完全相反。

"发现"号首先经历了这一过程，通过大手术清除了有毒物质，这在所有处理过程中优先级最高。推进和环境控制系统通过整个飞行器中的数十个阀门和数英里的线路从罐中循环单甲基肼、四氧化二氮、肼、氨、氟利昂和其他液体。尽管这些系统在处理过程中被排空和净化，但是设备使用中渗入的有毒残留物仍无法完全消除。

随着时间的推移，缓慢释气可能会累积并泄漏，美国国家航空航天局决定去除某些装置，以避免可能的公众暴露风险。轨道机动系统吊舱和容纳前向反应控制系统推进器的模块（轨道器中污染最严重的部分）被摘除。虽然

"发现"号和其他退役的轨道器看起来很完整，但其实它们几乎都是空壳。其他一些有毒化学品或材料（如石棉和铍）被封闭和隔绝，并进行备注。

下一步是移除或释放储存的燃料。轨道器设计的时候，在周围塞入了爆炸性烟火装置，如果轨道器减速和降落时出现故障，可以迫使轨道器降落。这些爆炸性烟火装置现在都被移除了。为确保公众安全，其他有存储机械能的部件，例如机组逃生系统和其他弹簧加载或快速充气逃生设备，也被去除了。

除了安全因素外，轨道器的某些部分也被"手术切除"。但美国国家航空航天局决定保留航天飞机的所有主发动机，考虑到在未来的运载火箭开发中也许用得到。作为大型液体推进剂发动机，"发现"号的发动机不是市场上最强大的，但是其发动机却是经验最丰富和效率最高的，并且仍然可以使用。所有的主发动机及其喷嘴都被拆除并返回库存。技术人员翻新了测试喷嘴并将它们连接到后舱中一个金属块上，这个金属块连接着推进剂进料管和增压罐。同样的，这个轨道器从外观上看起来完好，但事实上在机尾部分却缺少了 3 个主要的"器官"。

没有发动机喷嘴、轨道机动系统吊舱和部分机头，"发现"号从飞行器装配大楼的临时存储装置移回轨道器处理中心进行下一步的处理（资料来源：美国国家航空航天局）

除此之外，由于各种各样的需求，美国国家航空航天局的项目组和实验室还看中了其他许多轨道器组件，甚至需要移除某些硬件的请求也被批准了。但同时，美国国家航空航天局和国家航空航天博物馆免除了"发现"号其他许多酌情摘除的手术任务。两个机构都认识到尽可能完整地保留一个轨道器作为航天飞机历史参考载体的重要性。因此，与其他轨道器相比，"发现"号在退役时进行了最小程度的改装，虽然比不上最后一次飞行时的状况，但已经尽可能接近。

与此同时，随着"发现"号去除设备，博物馆和美国国家航空航天局开始为另一项复杂的操作做准备：运送"发现"号，到达后与测试轨道器"企业"号交换，并且将"企业"号转移到新家。轨道器被放在航空器转运飞机（由波音747喷气式客机改装而成）的顶部运送。在佛罗里达州或加利福尼亚州的渡轮航班终端里，有固定的起重机装卸装置。

运送退役轨道器的后勤工作令人生畏，由于没有专业的起重机，技术团队必须"在野外"完成升降工作。这种工作在20世纪70年代和80年代经验非常少。当

时"企业"号被重新放置到常规终端以外的地方，而"哥伦比亚"号（STS-3）不得不降落在新墨西哥州的白沙。从海外紧急着陆点送回轨道器的程序已存在，但从未操作过。当时工作人员从未有在野外操纵、装载或卸载轨道器的经验，因此相关程序必须重建、调整和演练。

幸运的是，第一次运送轨道器是将"发现"号运往位于目的地隔壁的机场，即位于弗吉尼亚州郊区的史蒂文·乌德瓦尔-哈齐中心的国家航空航天博物馆。大都会华盛顿机场管理局和杜勒斯国际机场管理人员与美国国家航空航天局及其航天服务承包商联合太空联盟（美国）合作，找到了一个现场位置，航空器转运飞机可以停放在轨道上，用以装卸轨道器。雪季结束后，还有一个非常大的混凝土区域可以给飞机除冰。他们允许一个40～80人的技术团队在一个月内构建复杂的巨型起重机、支撑塔、拖车供应，以及其他支持设备来完成装卸。

为了将"企业"号运送到纽约，美国国家航空航天局决定提前做好准备，以便在"发现"号到达之前完成这项工作。"企业"号在1985年交付给博物馆时进行了

最后一次飞行，在这之后它在静止存放状态下度过了25年的时光。在这次搬运前需要对其进行彻底检查，以确保它有运输价值。如果腐蚀或任何其他损坏削弱了其结构和运动部件，移动"企业"号将问题重重。此外，"企业"号与新型轨道器并不完全相同，其部分部件与现在用于维护的工具和附件固定装置无法很好地匹配，与渡轮航班的飞机也存在同样的问题。NASA和美国这一团队对"企业"号进行了必要的修改，将其置于飞行配置中，对其称重，并确定其重心。他们还在飞行器的测试飞行中安装了原始的轨道机动系统吊舱和尾锥，以增强其历史真实性。"企业"号已经准备好了。

博物馆也面临物流挑战。在詹姆斯·麦克唐纳航天机库的中心，"企业"号之前所在的位置就是即将安置"发现"号的位置。这个位置被许多其他的飞机包围，那些飞机有些被放置在地面上，有些放置在展示柜中，还有些悬挂在头顶上。为了替换轨道器，博物馆工作人员不得不将轨道器翼幅后面的所有物品移除并暂时存放起来，从而使美国国家航空航天局团队有足够的空间在"企业"号上工作，同时便于为"企业"号清除机库门到博物馆的运输路径，以及让"发现"号入场。计划立即开始，这些重新定位工作进入了博物馆的繁忙日程中。

博物馆的另一个挑战颇有意思：策划一个欢迎航天飞机中的佼佼者的欢迎仪式。这个工作在宣布"发现"号将去史密森尼国家航空航天博物馆不久之后就开始了。与安全运送轨道器一样呼声最高的是，美国国家航空航天局和博物馆都希望飞机运送路线能经过华盛顿特区，虽然这是美国最受限制的公共空域。参与请求和商讨飞行区域的代表来自博物馆、美国国家航空航天局、杜勒斯国际机场、

在佛罗里达州或加利福尼亚州的1个配对设施中，轨道器被悬挂在航天飞机载机上，这是它们航班飞行的终点。"发现"号被放置在波音747上进行最后一次航班飞行，之后在杜勒斯国际机场的广阔空间里，它被移动式起重机卸下（资料来源：美国国家航空航天局）

▼

机场的配对工地占地约 200000
平方英尺（18580 平方米）。大
约 100 辆卡车的车队带来了工
作所需的起重机、桅杆、升降
机、工具、设备以及拖车。巨
大的白色起重机被分成几块通
过 50 辆卡车运送过来并装配到
位（图片来源：丹尼斯·詹金
斯友情提供）

准备并将轨道器转移到最终目的地的团队采用了这个标志，图片
显示了运载飞机、2 台起重机以及运输和卸载操作所需的起重装
置（资料来源：托尼·兰尼斯的原创艺术）

大都会华盛顿机场管理局、联邦航空管理局、国土安全部
和当地执法局。

根据天气、时间和安全考虑，他们获得了临时批准的
路线。杜勒斯国际机场确定了 1 个低空中交通时段，适合
飞机飞行和着陆。由于"发现"号刚装上载机后最终批
准就到达了，当 NASA 和博物馆宣布航天飞机的到达时间
时，公众得知可以有准备地"目睹航天飞机"后期待的热
情被激发了。

2012 年 4 月 17 日星期二这一天，天公作美，万里
无云，各大媒体都在争相报道。从上午 10 点开始，持续
到 11 点左右，不管是市民还是游客纷纷停下手头上的事
情，走到外面观看背驮式的空中运输机和航天飞机。波
音 747 飞行机组首先飞过乌德瓦尔－哈齐中心，停车场
里和观景塔上到处都是人，观众们欢呼雀跃。因为机场还
有其他空中管制，美国国家航空航天局的飞机转而向东飞
行，沿波托马克河低速慢行飞越里根国家机场，飞过附近
国家广场上的博物馆和国家航空航天局总部，飞过国会大
厦周围，之后朝西飞向白宫和华盛顿纪念碑，再回到杜勒
斯机场。脸书、推特和传统媒体纷纷发布了图像和现场
报告。

当"发现"号重新出现时,乌德瓦尔 - 哈齐中心的观看人员认为要准备着陆了,但是波音747飞机起落架没有放下来。飞机离开机场绕着特区和广场附近又转了一大圈。这一次飞得更远,飞到了美国国家航空航天局位于马里兰州的戈达德太空飞行中心和弗吉尼亚州的联邦航空管理局的一个工厂。在第3次抵达杜勒斯机场后,运载轨道器的飞机降落了,到终点的时候"发现"号经历了一个简短的游行,然后被送到了工作站。

媒体全程参与的开幕致辞进行了约1小时,之后工作人员和旁观者清理了现场,以便技术团队从波音747飞机上卸下"发现"号。由于博物馆将于4月19日星期四为"发现"号举行正式的欢迎仪式,轨道器重新回到地面并被送到博物馆的时间非常紧,按计划要求,当天下午进行初步的台架布置工作,然后好好地休整一晚上,

星期三一整天完成卸载工作。

尽管下了一夜雨,星期三早上还是开工顺利,一切都按计划有序进行。然而,到下午的时候风速提高了几级,不适合完成精细的升降工作。轨道器要悬挂在两个起重机之间,通过连接到4个高桅杆的拉索来稳定。然而这个位置在风中无法保持稳定,升降工作不得不等到风速降低,一般都要等到晚上。

行动负责长官指挥运送工作暂停,让所有人到酒店休息,暂定晚上10点恢复工作。晚上10点的时候,风力减弱了,但是下起了小雨。尽管如此,工作人员第一次在黑暗中淋着雨挑战这项复杂的工作,工作了整整一夜,但他们没有任何抱怨。第二天早上7点,"发现"号已经等候在了机场和博物馆之间的栅栏门口。就像30年来太空飞行中乘组人员为飞行器付出的努力一样,运送组成员也尽

"发现"号在黎明时分最后一次离开佛罗里达州。3小时后,航天飞机载机抵达华盛顿特区(资料来源:美国国家航空航天局)

▼

最大的努力完成了这项任务。

　　4月19日星期四，阳光明媚，乌德瓦尔－哈齐中心早早就挤满了前来想要见证"发现"号正式抵达博物馆并在欢迎"发现"号的横幅上签名的观众。停车场一个区域停满了本地、外地、外国和有线网络的媒体卡车，记者们在忙着采访和拍照。

　　博物馆负责教育的工作人员组织了一个欢迎"发现"号的博览会，集展览、展示、活动于一体，接下来的几天游客将了解关于火箭、宇航服、太空食品以及与航天飞机和太空飞行相关的主题内容。博物馆商店销售着轨道器纪念品，咖啡馆也售有飞行器主题的产品，剧院放映了《执

◀

对比研究：20世纪的航空和航天飞机与19世纪的华盛顿地标——史密森尼学会城堡（资料来源：美国国家航空航天局／史密森尼学会的詹姆斯·迪洛雷托提供）

▲
"发现"号2次通过华盛顿特区，这是第1次通过（资料来源：美国国家航空航天局／史密森尼学会的罗伯特·马尔科维茨提供）

在杜勒斯国际机场控制塔和航站楼的视野范围内,"发现"号等待风雨停止,以便交付团队可以卸载轨道器(资料来源:史密森尼国家航空航天博物馆(NASM 2012-01849),摄影:丹·彭兰)

着的梦想》,这是第一部在太空中拍摄的 IMAX® 电影,部分镜头是在"发现"号执行任务过程中拍摄的。沿着机场的运输通道,建筑物后面的草坪上,到处是喜气洋洋沉浸在节日气氛中的人们。

官方户外仪式以美国海军陆战队的鼓乐队游行开始,以表彰海军陆战队航空百年功绩。在 30 名"发现"号指挥官、执行任务的专家宇航员和负责运送飞行器的美国国家航空航天局——美方工作人员的护卫下,"发现"号进入了公众的眼帘,然后在舞台后面停了下来,与已经等在那里的"企业"号面对面。华盛顿驻地歌剧明星丹尼斯·格雷夫斯演唱了国歌,海军陆战队护旗队进行了护旗仪式,之后由美国国家航空

航天博物馆主任约翰·戴利主持了一系列轻松活泼的活动。

一段简短的视频帮大家回顾了"发现"号的传奇职业生涯后,美国国家航空航天局局长兼前美国海军陆战队将军博尔登口头宣布将"发现"号交接给博物馆。两位史密森尼博物馆官员——秘书克劳夫和董事会主席科尔多瓦博士代表博物馆接受了这架轨道器。前水星宇航员兼参议员格伦发表了关于太空飞行历史的讲话,格伦于 1998 年乘坐"发现"号重返太空,像戴利将军和博尔登一样,格伦退役前是美国海军陆战队驾驶员。最后,通过签署交接文件将仪式推向了高潮。庆祝仪式在早上拍摄的飞行活动视频集锦中结束。

▲
在黑暗的雨夜，美国国家航空航天局工作人员在现场处理"发现"号，这是自 1985 年"企业"号被送到博物馆以来从未发生过的事
（资料来源：丹尼斯·詹金斯友情提供）

下午晚些时候，轨道器交换和转移到航天机库的程序正式开始。"企业"号早上已经移了出去，停在了舞台后面的位置上。现在它被往后移，路过航天机库，让"发现"号能够前进并转入机库。不到 1 小时，"发现"号被放置在了公共场所展出。然后"企业"号再次前移到大门边界的围栏处，再前往机场工地，在那里它将被装载在载机上飞完自己最后的旅程。

交付团队之后继续停留一周，将"企业"号装载到载机上并拆除他们在机场的营地。航天机库里，另一个小型工作组在千斤顶上对"发现"号进行最后的准备工作，他们花费了大约两周的时间。两周内，他们拆下了用于渡轮飞行的尾锥，固定好起落架，安装轨道机动系统喷嘴，调整主发动机喷嘴使其远离渡轮飞行的位置，以及对一些内部细节进行了调整。两名专家参与组装远

程操纵器系统机械臂，博物馆决定将远程操纵器系统机械臂放在"发现"号外部展出，以便观众观看和欣赏。这项工作完成后，博物馆工作人员在"发现"号周围安装了护栏并布置了展板，之后他们就转身开始了回收其他文物和布展的漫长过程。

自从在乌德瓦尔－哈齐中心展出后，"发现"号成为了一个明星景点。在博物馆的第一年就吸引了超过 150 万人前来参观。游客经常在挨着入口处的问讯处询问，航天飞机在哪里？我们想看"发现"号。事实上从入口处就能看见"发现"号，至少能看见它高大的垂直稳定器和圆形的轨道机动系统吊舱，一进去有效载荷舱和机头就会进入视野。对许多人来说，与"发现"号面对面是一个巨大的惊喜：它看上去比电视上或照片中的航天飞机大得多的多。人们惊叹于它的样貌，特别是风化的隔热瓦和隔热

一些乘坐"发现"号航天飞机的宇航员和"发现"号交付团队的工作人员自豪地护送他们的飞机来到仪式上（资料来源：史密森尼国家航空航天博物馆，摄影：丹·彭兰）

这个舞台是为航天测试飞机"企业"号和飞行时间最长、飞行距离最远的"发现"号打造的，这是这2个轨道器历史性的会晤（资料来源：美国国家航空航天局/史密森尼学会的卡罗琳·鲁索）

博物馆团队在庆祝最新国宝的到来（资料来源：史密森尼国家航空航天博物馆）

参议员约翰·格伦发表了主题演讲，其他的计划参与者和许多"发现"号指挥官都在旁边（资料来源：史密森尼国家航空航天博物馆（NASM 2012–01566），摄影：多萝西·科克伦）

当"发现"号进入太空飞机库，"企业"号移出时，轨道器转移工作完成。"企业"号将前往机场进行它最后一次飞行（资料来源：史密森尼国家航空航天博物馆（NASM 2012–01556），摄影：多萝西·科克伦）

毯，与过道对面的"水星""双子座"和"阿波罗"太空舱相比，它的身躯最为庞大。

在博物馆中，"发现"号经常成为讲解员、工作人员或访问的宇航员进行太空飞行会谈的背景。它是现场教育工作者开发的各种教育材料和项目的焦点。美国国家航空航天局还将"发现"号的技术简报带到过国会工作人员面前。这里成为新闻片段、现场直播和纪录片电影的热门取景地。现在"发现"号最后、也是永久的使命是教育和启迪观众。它站在那里，记载着航天飞机时代的成就，也是太空飞行常规化概念的象征。不管是现在还是未来，"发现"号一直是航天飞机中的佼佼者。在史密森尼国家航空航天博物馆，它将作为一个值得尊敬的国家宝藏永远保存下来。

▲
随着"发现"号在千斤顶上进行最终的配置工作，美国国家航空航天局团队聚集在一起进行集体肖像拍摄。其中有些人完成了航天飞机计划的最后一次工作，几天后就离任了（资料来源：史密森尼国家航空航天博物馆，摄影：丹·彭兰）

"发现"号是博物馆在詹姆斯·麦克唐纳空间机库中展示20世纪太空历史的核心（资料来源：史密森尼国家航空航天博物馆（NASM 2013-02577），摄影：丹·彭兰）
▼